편식 걱정 없는 건강한 식습관의 첫 걸음

우리 아이 첫 유아식

니다잉

어릴 때 잘 먹여야 한다.
어릴 때 식습관이 평생을 좌우한다.
그 말의 의미를 다시금 되새기게 돼요.

처음 책을 준비할 때는 아이가 이유식을 마치고 유아식을 하고 있던 시기였는데, 어느덧 벌써 10살. 완전한 어른식으로 넘어가기 직전의 과도기에 있습니다. 어릴 때는 주는 대로 곧잘 먹었는데 취향이 확고해지면서 점점 가리는 것이 많아지더라고요. 아이가 크면 좀 편할까 싶었는데, 계속해서 신경 써야 할 부분들이 생깁니다.

그래도 나름 먹이는 문제만큼은 깐깐하게 노력해서인지 외식보다 엄마 밥이 최고라고 생각하며, 잘 먹고 건강하게 자라고 있어요. 저의 노력이 조금이라도 빛을 보는 것 같아 뿌듯할 때가 많답니다. 점점 아이가 커갈수록 '어릴 때 잘 먹여야 한다', '어릴 때 식습관이 평생을 좌우한다'는 말의 의미를 다시금 되새기게 됩니다.

힘들었던 이유식 시기가 끝나면 좀 편해지려나 싶었지만, 유아식 시기가 되면서 본격적으로 먹이는 것에 대해 이것저것 생각할 게 많아지는 것 같아요. 이번 책을 준비하면서 주변의 엄마들과 제 블로그를 찾아주시는 분들의 다양한 고민과 의견을 많이 반영해 보았어요. 매일 자주 해줘야 하는 반찬류는 좀 더 다양하게 준비했고, 아이들의 체험학습이나 작은 모임에 어울리는 특별한 메뉴도 더 신경을 써서 구성했습니다.

기존의 〈내 아이를 위한 건강 유아식〉 도서를 개정신간으로 만들어보자는 제안을 받았을 때 큰 고민하지 않고 바로 응했어요. 첫 번째 책이라 아쉬움도 많았고, 지금의 바뀐 분위기를 반영하고 싶었거든요. 더불어 많은 사람들이 좀 더 활용할 수 있는 책을 만들고 싶다는 욕구도 있었어요. 그래서 열심히 작업했지만 막상 완성을 하고 나니 부족함을 느끼고, 또 아쉬움이 생깁니다. 이번 책을 통해 저도 더 많이 공부하고, 성장하게 된 계기가 된 것 같아요.

제가 아이에게 해줬던 유아식의 경험을 많은 분들과 공유할 수 있게 되어 참 행복합니다.
이 책 역시 많은 분들께 도움이 되길 간절히 바라봅니다.

달달한 네뜨 김선애

CONTENTS

기본부터 익히기 · 네뜨 언니의 기본 조리팁

★ **PART 1**   # 한 그릇이면 충분해! · 한 그릇 속에 영양이 가득, 한 그릇 식

★ PART 4 ★ **엄마표로 뚝딱!** 간단하게 만드는 입이 즐거운 간식

★ PART 5 ★ 특별한 날을 더욱 특별하게! ← 특별한 날에 즐기는 이벤트요리

★ PART 6 ★ 요리야, 놀자! ← 아이가 직접 만드는 요리

기본부터 익히기
네뜨 언니의 기본 조리팁

이유식 시기만 지나면 편해질 줄 알았던 먹이기 전쟁은 유아식 시기가 되면 더해져요.
그간 잘 먹어왔던 음식조차 거부하며 본격적인 편식이 시작되는데요.
자기주장과 고집이 생기면서 걸핏하면 "안 먹을래!"라고 외치는 아이를 보면
마음속으로는 '그래 먹지마'를 단호하게 외치고 싶지만, 엄마이기에 "그래도 이것만 먹어보자"라고 말하게 됩니다.
이 과정이 굉장히 힘들겠지만, 우리 아이를 위해서 절대 포기하지 말고 더 노력해주세요.
"엄마, 더 주세요!"를 외치는 엄마표 유아식 레시피 기본부터 시작해볼게요!

✎ 숟가락 & 종이컵 계량법

손맛 좋기로 소문난 분들이 요리하는 모습을 보면 깜짝깜짝 놀랄 때가 있어요. 정확하게 계량하지 않아도 어쩜 음식이
그리도 맛깔나는지 그저 신기하기만 한데요. 오랜 세월 내공이 쌓인 그분들 나름의 계량법이겠죠? 하지만 요리 초보들
에게 이런 노하우는 요원한 일이에요. 초보일 때는 정확한 계량이 아주 중요하답니다.
특히 유아식의 경우 요리 초보맘들도 많고, 기본적으로 간을 세게 하지 않아 간장이나 소금 등을 소량씩 넣어야 하기
때문에 계량도구를 사용할 필요가 있어요. 그렇다고 반드시 계량스푼이나 계량컵, 저울만을 의미하는 건 아니에요. 집
에서 쉽게 구할 수 있는 어른 밥숟가락과 커피숟가락(아이스크림 스푼), 종이컵 등을 이용해 계량해봤어요. 엄마 나름
의 계량도구를 정해두고, 그 도구를 잘 활용해서 되도록 간이 강하게 되지 않도록 주의해주세요.

1. 숟가락 계량

사용 숟가락

큰술 = 어른 밥숟가락
작은술 = 커피숟가락(아이스크림 스푼)

큰술

계량스푼으로 1큰술은 보통 15g인데, 밥숟가락으로는
약 10g 정도의 양입니다.
1큰술은 밥숟가락으로 수북하게 뜬 양을 의미합니다.

작은술

유아식 양념에 주로 사용되는 작은술은 3g 정도의 양입니다.
1작은술은 커피숟가락으로 수북하게 뜬 양을 의미합니다.

2. 종이컵 계량

가루류

1컵 = 종이컵에 가득 담아 윗면을 가볍게 깎은 양(약 100g)
1/2컵 = 종이컵 1/2 지점에서 약간 올라온 양

액체류

1컵 = 종이컵에 가득 담은 양(약 180ml)
1/2컵 = 종이컵 1/2 지점에서 약간 올라온 양

MoM's Tip

같은 1큰술, 1컵이라 해도 가루류인지 점성이 있는 재료인지에 따라 부피와 무게에 차이가 있을 수 있어요.

3. 그 외 참고할 사항

- 1꼬집 : 엄지와 검지로 한 번 집을 정도의 양이에요.
- 1 줌 : 계량도구로 표기하기 어려운 경우, 한 손으로 가볍게 쥔 정도를 표기했어요.
- 적당량 : 소금, 후추, 고춧가루, 깨 등의 경우 적당량으로 표기된 경우가 많아요.
  아이의 연령이나 입맛에 따라 조절이 필요한 부분이니, 기호에 따라 가감해주세요.
- g : 고기류는 g으로 표기한 경우가 많아요. 저울을 이용해 정확하게 계량하는 것이 좋지만, 만약 없다면 포장지에 적혀있는
  g을 참고해서 분량을 나눠주세요. 처음 구매 시 g을 확인하는 것도 좋아요.

🍴 유아식의 기본 썰기

유아식에서 자주 사용하는 썰기 방법을 정리해보았어요.
요리에 맞는 방법으로 재료를 썰어야 더 맛있게 만들 수 있어요.

다지기

가장 많이 나오는 썰기 방법이에요. 볶음밥에 들어가는 재료나 파 등을 잘게 썰어요.

채썰기

유아식에서 채를 썰 때는 대체로 가늘고, 짧게 썰어요.

깍둑썰기

작고 네모난 모양으로 썰어요. 주로 사방 1cm 크기로 써는 것이 좋아요.

송송썰기

파나 부추 등과 같이 가늘고 긴 재료들을 모양 그대로 잘게 썰어요.

어슷썰기

재료를 비스듬히 옆으로 썰어요. 주로 파를 썰 때 사용하는 방법이에요.

반달썰기

호박이나 오이와 같은 원기둥 모양의 재료들을 세로로 길게 2등분한 뒤에 썰어요.

은행잎썰기

호박이나 오이와 같은 원기둥 모양의 재료들을 세로로 길게 2등분해 반달썰기를 하고, 다시 2등분으로 썰어요. 총 4등분으로 자르는 거예요.

편썰기

마늘과 같은 재료를 0.2~0.3cm 두께로 얇게 썰어요.

나박썰기

무와 같은 재료를 얇고 네모나게 썰어요. 주로 뭇국이나 물김치를 만들 때 사용해요.

돌려깎기

오이나 호박 등의 재료를 원하는 길이로 자른 뒤, 과일껍질을 깎듯이 껍질에 칼을 넣어 돌려가며 겉면을 깎아요. 칼을 눕혀서 넣어야 쉽게 깎이는데, 주로 채소 가운데에 있는 씨를 제거할 때 사용하는 방법이에요.

🧋 유아식의 기본 육수

유아식에서 육수는 기본 중의 가장 기본이며 맛을 정하는 중요한 베이스가 됩니다.
가장 많이 사용하는 두 가지 육수를 미리 만들어두면 소금이나 간장을 덜 넣어도 감칠맛 나는 맛있는 요리를 만들 수 있어요.

다시마육수

재　료 : 다시마(3cm×7cm) 4장, 물 5컵

❶ 다시마는 면포를 사용해 표면의 흰 가루를 가볍게 닦아낸다.

❷ 다시마에 분량의 물을 붓고 1시간 정도 담가 다시마물을 만든다.

❸ 2번의 다시마물을 중불에 올린 뒤, 끓기 시작하면 다시마를 건지고 불을 끈다.
tip. 다시마는 오래 끓이면 국물이 텁텁해지고 끈끈해지기 때문에 빨리 건지도록 해요.

❹ 육수 위에 올라온 거품을 걷어내고 한 김 식힌 뒤 밀폐용기에 담아 보관한다.

멸치다시마육수

재　료 : 국물용 멸치 15마리(15g 내외),
　　　　다시마(3cm×7cm) 2장, 물 5컵

❶ 멸치는 머리와 내장을 제거해 손질하고,
다시마는 면포로 표면의 흰 가루만 가볍
게 닦아낸다.

tip. 멸치는 머리와 내장을 제거해야 비린내가
나지 않아요. 멸치 비린내가 많이 난다면
손질한 멸치를 마른 프라이팬에 가볍게 볶
아도 좋아요.

❷ 분량의 재료를 모두 냄비에 넣고 중불에서 끓인다. 물이 끓어오르면 중약불로 줄이고
5분 뒤 다시마를 먼저 건진다.

❸ 10분간 더 끓인 다음 체나 면포를 이용
해 걸러내고 한 김 식힌 뒤 밀폐용기에
담아 보관한다.

MoM's Tip

육수보관 : 밀폐용기에 담은 육수는 냉장실에서 5일까지 보관할 수 있지만, 그 이상 보관해야할 경우에는 냉동실에 소분해서 얼려두는 게 좋아요.
냉동실에서는 2주 정도 보관이 가능하답니다. 물론 그 이상 보관해도 괜찮지만, 아이들은 쉽게 탈이 날 수 있기 때문에 장기간 보관은 권하지 않
아요. 냉동 보관했던 육수는 냉장실에서 해동한 후 사용해야 안전하답니다.

🥄 유아식의 기본 양념

이유식에는 간을 거의 하지 않다가 유아식 시기가 되면 양념이 들어가고, 간을 하게 되는데요. 양념은 맛을 좌우하는 데 큰 역할을 하기 때문에 기본적인 내용은 알고 있는 것이 좋아요. 유아식 시기에 주로 사용하는 양념의 특징을 가볍게 소개해드릴게요.

국간장 & 양조간장(진간장)

국간장은 조선간장이라고도 하는데, 주로 국이나 찌개 같은 국물 요리나 나물 요리에 사용해요. 맛이나 향이 다소 강한 편이기 때문에 유아식에는 소량씩 사용하는 것이 좋아요. 양조간장이나 진간장은 주로 볶음이나 조림 요리에 사용해요. 간장은 가급적이면 구매 전 라벨을 보고 '자연 발효' 또는 '숙성 간장'이라고 적혀있는 것을 구매하는 게 좋아요. 이 책에서는 국간장이라고 별도의 표기가 없는 경우 양조간장을 사용했어요.

소금

모든 요리에 기본으로 들어가며 음식의 감칠맛을 살려주는 소금이에요. 하지만 소금의 주성분 중 하나인 나트륨은 적게 섭취하는 것이 좋기 때문에 유아식의 경우 가급적 소금의 양을 최소화하고 아이가 커감에 따라 조금씩 늘려가는 게 좋답니다. 소금은 가공되지 않은 꽃소금(천일염)을 사용하세요.

된장

된장은 찌개 등 국물 요리에 주로 사용하고, 나물 무침이나 볶음밥 등에도 소량 사용해요. 콩을 발효시켜 만들어 영양소가 아주 풍부하지만, 염분이 많기 때문에 많이 넣지 않는 것이 좋아요. 집된장과 시판용 된장은 각각 염도가 다르니 맛을 보고 적당히 가감해서 사용하세요.

설탕

설탕은 단맛을 내는 데 기본적으로 사용되는데요. 별다른 영양소 없이 칼로리만 높아서 많이 먹게 되면 비만은 물론 전체적인 식습관에도 영향을 줄 수 있어 주의가 필요해요. 일반적인 백설탕보다는 비정제설탕이나 매실청 등 설탕 대용 식품을 사용하는 것도 좋고, 양파 등을 넣어 천연 단맛을 내는 것도 좋아요.

> + 올리고당은 설탕 대용으로 사용되지만, 단맛이 덜하고 열에 약해 고온에서 오래 끓이기보다는 조림 등을 할 때 마지막에 살짝 넣어주는 것이 좋아요.

식용유 & 올리브유

❶ 식용유(콩기름, 포도씨유)
콩기름은 콩에서 채취한 기름으로 일반적인 식용유로 많이 쓰이고 있어요. 포도씨유는 포도씨를 압착해서 추출한 기름으로 발연점이 높아 고온에서도 잘 타지 않고, 향이 강하지 않아 볶음, 구이, 부침, 튀김, 드레싱 등 다양한 요리에 사용할 수 있어요.
이 책의 식용유는 전부 포도씨유를 사용했어요.

❷ 올리브유
올리브유는 음식을 통해서만 흡수가 가능한 불포화지방산이 들어있어 우리 몸에 좋은 기름으로 알려져 있어요. 다만 발연점이 낮아 튀김용으로는 부적합하고, 낮은 온도의 볶음 요리나 샐러드드레싱으로 사용하면 좋아요.

참기름 & 들기름

두 가지 종류의 기름은 음식의 풍미를 더하는 데 사용되는데요. 둘 다 발연점이 낮기 때문에 센불에는 적합하지 않아요. 참기름은 나물이나 무침 또는 조림 요리의 마지막에 넣어 향을 내는 데 사용하고, 들기름은 두부조림이나 나물류, 김구이 등을 할 때 사용하면 좋아요. 단, 들기름은 참기름보다 산패가 빨라서 서늘한 곳에 보관해야 한답니다.

청주 & 맛술

두 가지 종류의 양념은 잡내 제거에 아주 효과적이에요. 생선이나 달걀의 비린내, 고기의 잡내 등을 제거할 때 청주나 맛술을 넣으면 알코올이 날아가면서 음식의 잡내가 제거돼요. 냄새 제거에는 청주가 훨씬 효과적이고, 맛술의 경우 단맛이 있는 조미술이기 때문에 사용할 때는 설탕의 양을 줄여주는 것이 좋아요.

♡ 밥 잘 먹는 아이를 만들기 위한 엄마의 노력

엄마의 노력만큼 아이가 밥을 잘 먹으면 좋겠지만, 안 먹고 투정부리는 아이 때문에 참 속상하죠. 이럴 때는 포기하지 말고 방법적인 면을 다시 한 번 생각해본 뒤, 아이가 스스로 변화할 수 있도록 시간을 가지고 꾸준히 노력하는 것이 중요해요.

"비교는 금물! 아이에 맞게 변화를 주세요."

다른 아이들은 갈비도 손으로 잡아 뜯고, 매운 것도 척척 먹던데, 왜 우리 아이는 잘게 자른 고기도 못 먹고, 매운 음식은 입에도 못 댈까? 하고 답답할 때가 있죠. 하지만 모든 아이가 똑같아야 한다는 생각은 버리고, 아이의 차이를 인정해주세요. 미각이 예민해서 매운 것을 먹기 힘들어하는 아이는 서서히 매운맛에 익숙해지도록 해주시고, 질긴 음식을 먹기 힘들어하는 아이라면 작게 다져 부드럽게 조리해주다가 점차 양을 늘리거나 크기를 크게 해주세요. 우선 그 식재료에 부담을 가지지 않고 먹을 수 있도록 시간을 가지고 적응을 시켜주는 것이 중요해요.

"엄마 스스로 요리에 자신감을 가지세요."

'우리 애는 제가 해주는 걸 안 먹어요', '아이에게 몇 번 해줘보니 잘 안 먹어서 그 뒤로는 대충해주게 되네요' 이런 이야기를 들으면 참 안타까워요. 제가 요리를 해보니 요리도 꾸준히 해야 늘더라고요. 저도 처음에는 제가 만든 음식이 맛이 없는 것 같았는데, 어느 순간 요리를 응용하고 있는 모습에 깜짝깜짝 놀라기까지 합니다. 엄마 스스로 요리에 자신감을 가지고, 즐겁고 기쁜 마음으로 요리하다 보면 아이도 엄마의 사랑과 정성을 느껴 잘 먹게 된답니다.

"엄마의 꼼수가 필요해요."

'아이가 채소를 잘 안 먹어요', '골고루 안 먹고 먹던 것만 먹어요' 편식은 모든 엄마들의 고민이죠. 이럴 땐 엄마의 기지가 필요해요. 채소 등 아이가 싫어하는 재료는 최대한 잘게 다져 다른 재료들과 섞어서 조리하거나, 조리 방법을 과감히 바꿔보세요. 맛보다도 그 색이나 모양에서부터 아이가 거부하는 경우가 많거든요. 우선 친근하게 다가갈 수 있도록 해주세요.

"함께 요리하는 시간을 가져요."

아이와 함께 요리 놀이를 하는 것은 좀처럼 쉬운 일이 아니에요. 준비 과정은 물론이고, 뒤처리는 더욱 힘들죠. 그래도 아이가 잘 먹기를 바란다면 아이와 함께 요리하는 시간을 꼭 가져보세요. 요리에 대한 즐거움을 느끼고, 식재료에 대한 거부감이 줄어들며, 스스로 할 수 있다는 자신감까지 길러지는 계기가 될 거예요.

"아이들은 시각적 효과에 약해요."

아이가 밥을 잘 안 먹는다면 아이용 식기류나 음식 플레이팅에 변화를 주는 것도 좋은 방법이에요. 아이들은 식판 하나, 그릇 하나 또는 주먹밥에 픽 하나만 꽂아줘도 눈을 동그랗게 뜨고 식탁으로 오거든요. 아이가 밥투정을 심하게 할 때는 이러한 변화를 주세요.

"엄마, 아빠도 유아식으로 함께 먹어요."

처음 이유식을 만들었을 때 간이 전혀 되지 않은 음식이 어찌나 낯설고 맛이 없던지요. 그러다 점차 그 맛에 익숙해지니 식재료 자체가 주는 맛을 알게 되었어요. 그동안 강한 양념에 묻혀 그 맛을 못 느꼈던 거죠. 간혹 유아식과 어른식을 따로 만들기 귀찮아서 대충 어른식을 아이에게 주는 경우가 많은데, 반대로 해보는 것은 어떨까요? 유아식의 경우 저염식에 덜 달게 만들어 매우 건강한 음식이에요. 엄마, 아빠도 유아식에 약간의 간만 첨가해서 아이와 함께 먹는 걸 즐겨보세요. 아이들은 무의식적으로 타인을 따라하려는 특징이 있어 엄마, 아빠와 같은 음식을 함께 먹으면 훨씬 더 잘 먹는답니다.

PART

1

한 그릇이면 충분해

어린이 비빔밥 2~3인분

아이들이 다양한 채소를 함께 먹을 수 있도록 만든 비빔밥이에요. 밥 위에 올릴 고명의 색을 고려해서 만들면 보기에도 좋은 비빔밥이 돼요.

01

다진 소고기와 얇게 채 썬 표고버섯에 분량의 양념을 각각 2/3, 1/3씩 나눠 넣는다.

TIP 양념을 미리 섞어두면 나눠 넣기 편리해요.

02

당근과 애호박은 얇고 짧게 채 썬 다음, 각각 소금을 2꼬집씩 넣어 2~3분간 둔다.

03

달군 프라이팬에 포도씨유를 두르고 당근과 애호박을 각각 볶는다.

TIP 당근과 애호박에 물이 생겼을 경우 물기를 제거하고 볶아주세요.

04

프라이팬을 닦은 다음 다시 포도씨유를 살짝 두르고 양념에 재워둔 소고기와 표고버섯을 각각 볶는다.

05

달걀은 흰자와 노른자로 분리해 각각 부쳐서 지단을 만들어 가늘게 채 썬다. 그다음 그릇에 밥을 담고 3~5번의 고명을 얹은 다음 비빔밥 양념을 곁들여 마무리한다.

재료

- ☐ 다진 소고기 2큰술
- ☐ 표고버섯 1개
- ☐ 당근 1/4개
- ☐ 애호박 1/4개
- ☐ 소금 4꼬집
- ☐ 포도씨유 약간
- ☐ 달걀 1개
- ☐ 밥 1.5공기

소고기&표고버섯 양념

- ☐ 간장 1/2큰술
- ☐ 설탕 1/2작은술
- ☐ 참기름 1작은술
- ☐ 청주 1작은술
- ☐ 후추 약간
  + 양념은 미리 섞어두세요.

비빔밥 양념

- ☐ 간장 1큰술
- ☐ 물 1큰술
- ☐ 참기름 1/2작은술
- ☐ 통깨 1작은술
  + 양념은 미리 섞어두세요.

· 엄마표 제안 ·

- 기호에 따라 양념장을 같이 넣어 비벼도 좋아요.
- 고명으로 사용하는 채소들은 아이가 먹기 편하도록 얇고 짧게 자르는 것이 좋아요.

임상영양사의 한 마디

당근의 베타카로틴은 자외선으로부터 피부를 보호하는 효과가 있으며 면역력 증강에도 도움을 줍니다. 또한 표고버섯은 비타민B_1, B_2 및 뼈의 발달에 도움이 되는 프로비타민 D_2의 에르고스테롤을 다량 함유하고 있습니다.

곤드레나물밥 2~3인분

아이에게 곤드레나물밥을 준 적이 있었는데 생각보다
잘 먹어서 깜짝 놀랐어요. 혹시나 해서 아이 친구들에
게도 먹여보니 반응이 아주 좋더라고요. 아이들에게
또 다른 별미가 하나 생겼어요.

01

건곤드레나물을 한나절 정도 물에 불려서 준비한다.

02

불린 곤드레나물에 물A를 붓고 줄기가 부드러워질 정도로 약 30분간 삶은 뒤, 뚜껑을 덮어 20~30분간 둔다.

재료

☐ 불린 곤드레나물 50g(1/2컵)
☐ 물A 2.5컵
☐ 불린 쌀 1컵
☐ 물B 1컵

나물 밑간

☐ 국간장 1/2큰술
☐ 들기름 1큰술

양념장

☐ 간장 1큰술
☐ 물 1큰술
☐ 참기름 1/2큰술
☐ 매실청 1작은술
☐ 통깨 1작은술

03

삶은 곤드레나물은 깨끗이 씻어 물기를 제거하고, 1~2cm 간격으로 자른 다음 국간장과 들기름을 넣어 밑간한다.

TIP 아이가 어리거나 곤드레나물밥을 처음 접한다면 좀 더 잘게 썰어주세요.

엄마표 제안

* 건곤드레나물은 전날 저녁에 불려서 아침에 조리하면 충분히 불릴 수 있어요. 만약 불리는 시간이 짧았다면 삶는 시간을 늘려주세요.
* 삶을 때는 줄기 부분이 부드러워질 때까지 충분히 삶는 것이 좋아요.
* 너무 많은 양을 삶았다면 소분해서 냉동실에 보관하세요.

04

냄비에 불린 쌀과 동량의 물B를 붓고 3번의 밑간한 곤드레나물을 올린 후 밥을 짓는다(센불에서 5분가량 끓이다가 약불로 줄여서 10분간 더 익힌 후, 불을 끄고 5분간 뜸들인다). 완성된 밥은 골고루 섞은 다음 양념장과 곁들여 마무리한다.

TIP 압력솥이나 전기밥솥의 경우 일반 밥을 할 때와 같은 방법으로 짓되, 위에 곤드레나물만 올리면 돼요.

임상영양사의 한 마디

곤드레나물은 비타민A와 칼슘, 식이섬유가 풍부하여 혈중 콜레스테롤을 낮추고 지혈 작용을 도와주며 소화를 잘 되게 해줍니다.

모둠 버섯밥 2~3인분

다양한 버섯의 향기가 가득한 밥이에요. 손쉽게 만들
수 있는 온 가족 영양식으로 레시피에서 사용한 버섯
외에 다른 버섯을 넣고 만들어도 좋아요. 양념장과 곁
들이면 더욱 맛있답니다.

01

쌀은 깨끗이 씻어 물에 30분간 불린 뒤 체에 밭쳐둔다.

02

표고버섯은 밑동을 잘라 채 썰고, 양송이 버섯은 껍질을 제거한 뒤 4등분한다. 느타 리버섯은 가닥가닥 찢어서 준비한다.

TIP 건표고버섯을 사용할 경우, 미리 물에 불려 주 세요.

03

냄비에 쌀과 다시마, 손질한 버섯을 올리 고 물을 부어 센불에서 밥을 짓는다.

TIP 버섯에서 물이 생기기 때문에, 물은 일반 밥을 지을 때보다 적게 넣으세요.

04

밥이 끓으면 약불로 줄여 12~13분간 더 끓인 뒤, 불을 끄고 뚜껑을 덮은 채로 5분 간 뜸 들여 마무리한다. 그 사이 양념장을 만들어 곁들여 먹는다.

재료

- ☐ 쌀 1컵
- ☐ 표고버섯 1개
- ☐ 양송이버섯 3개
- ☐ 느타리버섯 1/2줌
- ☐ 다시마(3×7cm) 1장
- ☐ 물 1컵

양념장

- ☐ 간장 1큰술
- ☐ 물 1큰술
- ☐ 참기름 1/2작은술
- ☐ 통깨 1작은술

· 엄마표 제안 ·

버섯은 물을 잘 흡수하기 때문에 물에 담가두지 않 는 게 좋아요. 버섯의 이물 질은 행주로 가볍게 털어 주거나, 물에 살짝 헹궜다 가 키친타월로 물기를 잘 제거해주세요.

임상영양사의 한 마디

버섯류는 콜레스테롤을 저하 시키는 테르페노이드, 혈압 을 조절하는 펩타이드와 글 루칸 성분을 함유하고 있습 니다. 이 성분들은 면역력을 높여주고 성인병과 암 예방 에 탁월한 효과를 보입니다.

돼지고기 콩나물밥 2~3인분

콩나물과 돼지고기를 넣어 밥을 지었어요. 비타민과
단백질, 섬유질까지 모두 섭취할 수 있기 때문에 온
가족이 건강하게 즐기는 영양 만점 요리랍니다.

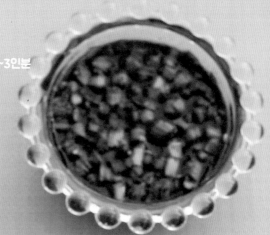

01

쌀은 깨끗이 씻어 물에 30분간 불린 뒤 체에 밭치고, 콩나물은 머리와 꼬리의 지저분한 부분을 손질하여 씻은 후 물기를 빼둔다.

02

돼지고기는 잘게 썬 후, 돼지고기 밑간 재료를 모두 넣어 조물조물 섞는다.

재료

- 불린 쌀 1컵
- 콩나물 1줌
- 돼지고기(안심 or 등심) 70g
- 참기름 1작은술
- 물 1컵

돼지고기 밑간

- 간장 1/2큰술
- 설탕 1/2작은술
- 청주 1작은술
- 다진 마늘 1/2작은술
- 참기름 1/2작은술

양념장

- 다진 부추(or 쪽파) 1큰술
- 간장 1큰술
- 물 1큰술
- 참기름 1/2작은술
- 통깨 1작은술

03

달군 냄비에 참기름을 두르고 밑간한 돼지고기를 넣어 표면을 완전히 익힌 다음 불린 쌀을 넣고 쌀이 투명해질 때까지 볶는다.

04

쌀과 동량의 물을 붓고, 센불에서 끓어오르면 콩나물을 얹어 중불에서 3분간 뚜껑을 덮고 끓인다. 3분 후 약불로 줄여 10분간 더 끓인 뒤, 불을 끄고 5분간 뜸을 들인다.

TIP 콩나물을 넣고 중간에 뚜껑을 열면 비린내가 날 수 있으니 뚜껑은 가장 마지막에 여세요.

◦엄마표 제안◦

- 돼지고기는 아이의 연령에 따라 크기를 조절하고, 3번 과정에서 볶을 때는 표면을 완전히 익혀야 누린내가 나지 않아요.
- 전기밥솥을 사용할 경우, 쌀 위에 볶은 고기를 올린 후 콩나물을 올려 밥을 하세요.
- 콩나물에서 수분이 나오기 때문에 밥물을 평소보다 적게 잡아주세요.

05

분량의 양념장 재료를 모두 섞은 뒤, 부추를 송송 썰어 넣고 밥과 함께 곁들여 마무리한다.

임상영양사의 한 마디

콩나물 속 이소플라본은 칼슘의 흡수율을 높여 뼈를 튼튼하게 하고, 세로토닌과 같은 호르몬의 생성을 돕습니다. 이는 혈관의 수축과 응고 등 지혈 반응에 관여하고, 혈관 속 지질을 개선시키며, 염증 반응을 억제해 면역 기능을 향상시켜줍니다.

잡채밥 2~3인분

잡채를 좋아하는 아이를 위해 자주 해주는 요리예요.
잡채는 손이 많이 가는 복잡한 요리라고 생각하지만,
사실 집에 있는 재료를 활용한다면 간단하게 만들 수
있답니다.

028 | 029

재료

□ 양파 1/2개
□ 당근 1/5개
□ 피망 1/4개
□ 백만송이버섯 1/2줌
□ 느타리버섯 1/2줌
□ 물 3컵
□ 당면 1/2줌
□ 간장 1작은술
□ 참기름 1작은술
□ 포도씨유 1큰술
□ 통깨 1작은술
□ 밥 2공기

양념장

□ 간장 2~3큰술
□ 물 2큰술
□ 설탕 1/2작은술
□ 참기름 1작은술

양파와 당근, 피망은 채 썰고, 백만송이버섯과 느타리버섯은 가닥가닥 뗀 후 가늘게 찢는다. 양념장은 미리 섞어둔다.

TIP 백만송이버섯이나 느타리버섯 대신 다른 버섯으로 대체해도 좋아요.

냄비에 물을 붓고 끓어오르면 당면, 간장, 참기름을 넣어 당면이 투명해질 때까지 약 7분간 삶은 후, 체에 밭친다.

TIP 당면을 미리 물에 불렸다가 사용하면 삶는 시간을 단축할 수 있어요.

달군 프라이팬에 포도씨유를 두르고 양파부터 볶다가 당근, 피망, 버섯 순서대로 넣고 센불에서 2분간 볶는다.

삶은 당면과 미리 섞어둔 양념장을 넣어 잘 섞으면서 볶는다.

·엄마표 제안·

• 덮밥으로 먹는 거라 간을 조금 세게 만들었어요.
• 매콤하게 만들고 싶다면 3번 과정에서 고춧가루 1작은술을 함께 넣고 볶아주세요.
• 간장 양념 이외에 케첩을 넣고 볶아도 맛있어요.

통깨를 뿌려 살짝 섞은 뒤, 밥 위에 올려 마무리한다.

임상영양사의 한 마디

잡채는 음식에 대한 흥미를 끌기 좋고, 활동이 많은 아이에게 에너지를 줄 수 있는 요리입니다. 버섯과 피망 등 다양한 채소를 통해 단백질과 무기질, 비타민, 수분을 골고루 보충할 수 있습니다.

마파두부 덮밥 2인분

된장소스로 만든 담백한 마파두부 덮밥. 간단한 재료
지만 든든하게 먹을 수 있어요. 순식간에 한 그릇 뚝
딱 비운 아이가 "엄마 더 주세요~!"라고 외칠 거예요.

01

두부는 사방 1cm 크기로 깍둑썰기하고, 양파는 적당한 크기로 썬다. 된장은 체에 거른 다음 분량의 재료와 섞어 소스를 만든다.

02

냄비에 물과 소금을 넣고 끓어오르면, 두부를 넣어 데친 후 건진다.

> TIP 두부는 미리 데치면 서로 붙기 때문에 소스에 버무리기 직전에 데치는 것이 좋아요.

재료

- ☐ 밥 1.5공기
- ☐ 두부 1/2모
- ☐ 양파 1/2개
- ☐ 물 2컵
- ☐ 소금 약간
- ☐ 포도씨유 1큰술
- ☐ 다시마물 1/2컵
- ☐ 전분물 2큰술

된장소스

- ☐ 된장 1큰술
- ☐ 설탕 1작은술
- ☐ 아몬드가루 1큰술

03

달군 프라이팬에 포도씨유를 두르고 양파를 넣어 투명해질 때까지 볶는다.

04

다시마육수와 1번의 된장소스를 넣고 섞어 잘 풀어준다. 국물이 끓기 시작하면, 데친 두부를 넣고 간이 잘 배도록 끓인다.

• 엄마표 제안 •

- 아몬드를 곱게 갈아 가루로 만들면 요리에 고소한 맛을 더해준답니다.
- 다시마물은 물 2컵에 다시마(3cm × 7cm) 1장을 넣고 10분간 우려서 만들어주세요.

05

국물이 1/2 정도로 줄면 불을 줄이고 전분물을 천천히 넣으며 젓는다.

> TIP 전분물은 물과 전분을 2 : 1.5 비율로 섞어 만드세요.

06

한소끔 더 끓여 걸쭉해지면 밥 위에 올려 마무리한다.

임상영양사의 한 마디

두부의 가치는 양질의 단백질과 지방에 있습니다. 아미노산의 조성이 우수해 곡류의 섭취에서 부족하기 쉬운 아미노산 특히, 라이신을 보충하는 좋은 식품이며, 인, 철, 칼슘, 티아민 등이 풍부합니다.

닭고기 연근 덮밥 2인분

연꽃의 뿌리인 연근은 아삭아삭한 맛과 다양한 영양소가 풍부한 식품입니다. 부드러운 닭안심과 함께 볶아서 덮밥으로 만들면 연근을 좋아하지 않는 아이도 잘 먹는답니다.

01
닭안심은 한입 크기로 썰어 분량의 밑간 재료를 넣어 밑간한다.

02
연근은 껍질을 제거한 다음 1cm 폭으로 썰고 3등분한다. 냄비에 물 2컵과 식초 1방울을 넣어 데친 후, 찬물에 헹궈 준비한다.

> TIP 연근을 식초물에 데치면 특유의 떫은맛을 없앨 수 있어요.

03
양파는 가늘게 채 썰고, 양념장 재료는 모두 섞어 준비한다.

04
달군 프라이팬에 포도씨유를 두르고 데친 연근을 3분간 볶다가 닭안심과 양파, 양념장을 넣고 닭이 익을 때까지 볶는다.

05
국물이 반 정도 줄면 쪽파를 송송 썰어 넣고, 불을 끈 다음 밥 위에 올려 마무리한다.

재료

- ☐ 밥 1.5공기
- ☐ 닭안심 3쪽
- ☐ 연근(5cm) 1개
- ☐ 양파 1/2개
- ☐ 포도씨유 1큰술
- ☐ 쪽파(10cm) 1대

닭고기 밑간
- ☐ 소금 1/3작은술
- ☐ 후추 약간
- ☐ 청주 1작은술

양념장
- ☐ 간장 2큰술
- ☐ 설탕 1작은술
- ☐ 맛술 1작은술
- ☐ 다진 마늘 1/2작은술
- ☐ 다시마물 3/4컵

· 엄마표 제안 ·

연근은 굵고, 잘랐을 때 단면이 흰 것이 좋아요.

임상영양사의 한 마디

연근은 아스파라긴, 티록신 등의 아미노산이 풍부하고, 레시틴과 펙틴이 많아 혈관벽을 강화시키며 신진대사와 소화 기능 향상에 도움이 됩니다. 연근을 자르면 나오는 점액은 뮤신이라는 복합단백질로 위벽을 보호하고 독소를 배출시키는 기능을 합니다.

간장 오징어 덮밥 2인분

아직 매운맛에 익숙하지 않은 아이들은 매콤한 양념
대신 간장 양념으로 만들어주면 잘 먹는답니다. 오징
어는 저지방·고단백 식품이라 성장기 아이에게 좋은
식재료예요.

재료

- [ ] 밥 1.5공기
- [ ] 오징어몸통中 1마리
- [ ] 양파小 1/2개
- [ ] 애호박 1/5개
- [ ] 쪽파 3줄기
- [ ] 포도씨유 1큰술
- [ ] 참기름 1작은술
- [ ] 통깨 약간

양념장

- [ ] 간장 2큰술
- [ ] 물 2큰술
- [ ] 청주 1/2큰술
- [ ] 다진 마늘 1작은술
- [ ] 올리고당 1큰술

+ 양념은 미리 섞어두세요.

01

오징어몸통은 세로로 4등분한 후, 1cm 정도의 폭으로 썬다.

02

양파와 애호박은 다지고, 쪽파는 송송 썬다.

03

달군 프라이팬에 포도씨유를 두르고 중불에서 양파를 볶다가 양파가 투명해지면, 오징어와 애호박, 양념장을 넣고 센불로 끓인다.

🔲 어른을 위한 양념장을 만들 경우 고춧가루 1큰술을 더 넣어주세요.

· 엄마표 제안 ·

- 오징어 껍질에는 타우린 성분이 있어서 껍질째 먹어도 좋아요. 단, 아이가 질겨서 잘 먹지 못한다면, 껍질을 제거한 후 조리해주세요.
- 오징어는 살짝 언 상태에서 썰면 잘 썰린답니다.

04

국물이 줄어들면 쪽파를 넣고 조금 더 끓인 후, 참기름과 통깨를 넣고 밥 위에 올려 마무리한다.

🔲 오징어는 다 익으면 색이 불투명하게 변해요. 오징어를 오래 익히면 질겨지므로 색을 확인하면서 조리하세요.

임상영양사의 한 마디

오징어에는 EPA, DHA와 같은 고도불포화지방산이 풍부하게 들어있어 각종 혈관 및 순환기 질병을 예방하고, 뇌기능을 증진시켜 아이들의 기억력 향상에 도움이 됩니다. 또 오징어 표면의 흰가루는 타우린으로 지방의 흡수를 돕고 심장 근육을 보호하며 시력을 좋게 합니다.

아보카도 소고기 덮밥 2~3인분

숲속의 버터라 불리는 아보카도는 덮밥이나 볶음밥을
만들 때 넣으면 아주 좋은데요. 저는 소고기를 넣고
볶아서 덮밥을 만들었어요. 아이들이 밥을 잘 안 먹는
다면 예쁜 모양으로 만들어주세요.

01

소고기는 키친타월을 이용해 핏물을 제거한 후, 분량의 양념 재료를 넣어 10분간 재운다.

02

아보카도는 껍질과 씨를 제거해 과육만 분리한 후 한입 크기로 자르고, 파프리카와 양파는 얇고 짧게 채 썬다.

03

달군 프라이팬에 포도씨유를 두르고, 1번의 재운 소고기를 넣어 3분간 볶는다.

04

양파를 넣고 2분간 볶다가 아보카도와 파프리카를 넣어 2분 더 볶은 뒤, 밥 위에 올려 마무리한다.

재료

- ☐ (불고기용)소고기 150g
- ☐ 아보카도 1개
- ☐ 파프리카 1/4개
- ☐ 양파 1/2개
- ☐ 포도씨유 1큰술
- ☐ 밥 1.5공기

소고기 양념

- ☐ 간장 2큰술
- ☐ 설탕 1작은술
- ☐ 매실청 1작은술
- ☐ 다진 마늘 1/2작은술
- ☐ 청주 1작은술
- ☐ 참기름 1작은술

· 엄마표 제안 ·

· 씹는 재미를 주기 위해 불고기용 소고기를 사용했는데, 만약 아이가 어릴 경우 다진 소고기로 만들어도 좋아요.
· 아보카도 손질법은 '새우 과카몰리 퀘사디아(P. 252)'를 참고하세요.

임상영양사의 한 마디

아보카도는 심장마비를 예방하고 체내에 비타민C와 B를 공급해주는 아주 좋은 식품입니다. 아보카도 반개의 열량은 160kcal이고 당분 함량은 1%로 높은 에너지원이 됨은 물론 소아비만을 예방하는 데에도 도움이 됩니다.

새우 파인애플 볶음밥 3~4인분

파인애플을 사용한 색다른 볶음밥이에요. 중간중간 씹히는 달콤한 파인애플이 식욕을 돋게 한답니다. 파티 메뉴로도 좋고, 아이의 밥투정이 심할 때 만들어주면 맛있게 먹을 거예요.

- 파인애플 1/2개
- 새우살 1컵
- 청주 1작은술
- 양파 1/4개
- 빨강 파프리카 1/4개
- 주황 파프리카 1/4개
- 데친 브로콜리小 3쪽
- 포도씨유 적당량
- 간장 1작은술
- 밥 1.5공기
- 소금 1/4작은술
- 후추 약간

01 파인애플의 과육을 발라내 사방 1cm 정도로 자른다. 새우살은 해동시킨 뒤, 청주를 약간 뿌려두었다가 가볍게 물기를 제거한다. 양파와 파프리카, 브로콜리는 잘게 썰어 준비한다.

02 프라이팬에 포도씨유를 두르고 양파를 넣어 양파가 투명해질 때까지 볶은 후, 파프리카와 브로콜리, 새우, 간장을 넣고 볶는다.

03 밥과 소금, 후추를 넣고 밥이 뭉치지 않도록 풀어가며 골고루 섞는다.

04 파인애플을 넣고 한번 더 볶아 마무리한다.

엄마표 제안

- 파인애플로 그릇을 만들 경우, 파인애플을 반으로 자르고 과육과 심에 각각 칼집을 넣어 발라내주세요. 파인애플 속은 숟가락을 이용해서 깔끔하게 정리하면 된답니다.
- 파인애플에 과즙이 많다면 따로 담아두었다가 갈아서 주스를 만들어보세요.

임상영양사의 한 마디

파인애플에는 단백질을 분해시켜주는 효소인 브로멜라인이 있어 소화가 잘되도록 도움을 주고, 비타민B$_1$이 풍부해 아이들의 체내대사를 원활하게 하며, 입맛이 없을 때 식욕을 돋게 해주는 구연산도 풍부합니다. 또한 식이섬유가 풍부해 어릴 때 생기기 쉬운 변비 예방에 특히 좋고, 면역력을 키워 튼튼하게 해주는 비타민C도 들어있습니다.

김치 짜장 볶음밥 2인분

짜장과 김치를 넣어 볶음밥을 만들었어요. 짜장의 느끼
함을 김치가 잡아줘서 더욱 맛있는 볶음밥이 되었답니
다. 어른용으로 만들 때는 김치를 씻지 않고 만들면 돼요.

- ☐ 밥 1공기
- ☐ 김치 1/2컵
- ☐ 양파 1/4개
- ☐ 당근 1/5개
- ☐ 데친 브로콜리 2쪽
- ☐ 포도씨유 1큰술
- ☐ 짜장분말 1큰술
- ☐ 물 2큰술
- ☐ 참기름 1작은술

김치는 속을 털어내고 씻은 후 잘게 썬다. 양파, 당근, 데친 브로콜리도 먹기 좋은 크기로 잘게 썰어 준비한다.

짜장분말에 물을 넣고 덩어리가 지지 않도록 곱게 풀어준다.

달군 프라이팬에 포도씨유를 두르고, 양파, 김치, 당근, 브로콜리 순으로 넣어 볶는다.

밥을 넣고 밥알이 으깨지지 않도록 골고루 섞은 다음 2번의 짜장물을 넣고 섞는다.

TIP 아이의 연령에 따라 짜장물의 양을 조절해주세요.

• 엄마표 제안 •

냉장고 속 다양한 자투리 채소는 물론 닭고기나 돼지고기 등을 넣고 만들어도 좋아요.

짜장이 골고루 섞이면 참기름을 두르고 잘 섞어 마무리한다.

임상영양사의 **한 마디**

김치에 풍부하게 들어있는 유산균은 아토피 피부염의 악화를 막고, 과민증을 일으킬 수 있는 IgE 생성을 억제시킵니다. 또한 김치 속의 비타민C, 베타카로틴, 클로로필 등은 항산화 작용을 하고 콜라겐을 형성하여 피부에도 좋습니다.

마늘 양송이 볶음밥 2인분

마늘은 강한 향과 맛 때문에 아이들이 싫어하는 재료
중 하나인데요. 아이가 마늘을 맛있게 먹을 수 있도록
오일에 충분히 볶아보세요. 매운맛은 사라지고 달큰한
맛이 난답니다.

01

마늘은 편으로 썰고, 달걀은 풀어 준비한다.

02

양송이버섯은 껍질을 제거한 뒤, 편으로 썰어 2등분하고, 양파는 다져 준비한다.

TIP 아이의 연령에 따라 양송이 껍질을 그대로 사용해도 좋아요.

재료

☐ 밥 1공기
☐ 마늘 3~4쪽
☐ 달걀 1개
☐ 양송이버섯 2개
☐ 양파 1/4개
☐ 올리브유 1큰술
☐ 버터 1/2큰술
☐ 간장 1작은술
☐ 소금 약간

03

달군 프라이팬에 올리브유를 두르고 마늘이 타지 않게 약불에서 노릇하게 볶은 후, 키친타월 위에 올려 기름을 제거한다.

04

마늘을 볶은 프라이팬에 버터를 두르고 양파를 넣어 투명해질 때까지 볶다가, 양송이버섯을 넣고 볶는다.

 마늘을 볶고 남은 오일을 닦지 말고 버터와 함께 섞으면 깊은 풍미를 느낄 수 있어요.

· 엄마표 제안 ·

볶음밥을 예쁘게 담는 방법
오목한 그릇에 랩을 깔고 밥을 넣어 꾹꾹 눌러준 후, 접시 위에 뒤집어주세요.

05

밥을 넣고 볶다가 밥을 프라이팬의 한쪽으로 밀고, 빈 공간에 달걀을 부어 스크램블을 만든다.

06

스크램블과 밥을 섞은 다음 3번에서 볶은 마늘과 간장을 넣고 소금으로 간을 맞춰 마무리한다.

임상영양사의 한 마디

마늘은 바이러스와 세균에 대한 항균력이 강해 자주 섭취하면 감기 예방에 큰 도움이 됩니다. 마늘의 독특한 향인 알리신은 비타민 B_1의 흡수를 촉진시키기 때문에 비타민B_1이 많이 함유되어 있는 두부, 돼지고기와 함께 섭취하면 좋습니다. 단, 지나치게 많이 섭취하면 복통과 빈혈을 일으킬 수 있으니 적당량을 섭취하도록 합니다.

소고기 가지 리소토 2인분

리소토는 우유에 밥을 넣고 끓여 만드는 고소한 한 그
릇 식이에요. 소고기와 가지를 잘게 썰어 넣었더니, 아
이가 가지인줄 모르고 아주 잘 먹어요.

 재료

- 밥 1공기
- 다진 소고기 50g
- 양파 1/2개
- 가지 1/2개
- 올리브유 1큰술
- 다진 마늘 1작은술
- 우유 3/4컵
- 소금 약간
- 후추 약간

소고기 밑간

- 청주 1작은술
- 소금 약간
- 후추 약간

선택 재료

- 생크림 2~3큰술
- 파르메산치즈 1큰술

01 다진 소고기는 키친타월 위에 올려서 핏물을 제거한 다음 분량의 밑간 재료로 밑간해 두고, 양파와 가지는 사방 1cm 크기로 깍둑썬다.

02 달군 프라이팬에 올리브유를 두르고 다진 마늘과 양파를 넣어 약불에서 볶은 뒤, 밑간한 소고기를 넣고 센불에서 볶는다.

03 소고기가 익으면 가지를 넣고 조금 더 볶다가 밥을 넣어 섞는다.

04 우유를 넣고 걸쭉해질 때까지 중불에서 끓인다.

TIP 생크림을 조금 넣으면 더욱 진한 맛을 느낄 수 있어요.

· 엄마표 제안 ·

수분이 많은 대표적 여름 식품인 가지! 가지는 선명한 보라색을 띠고, 꼭지가 싱싱한 것이 좋아요. 또한 눌렀을 때 탄력 있고, 모양이 통통하고 매끈한 것으로 골라야 해요.

05 소금과 후추로 간을 맞추고, 기호에 따라 파르메산치즈를 넣어 마무리한다.

임상영양사의 한 마디

가지는 빈혈은 물론 혈관 속 지질 수준 개선에 좋습니다. 가지를 돼지고기나 소고기 같은 지방이 많은 식품과 함께 섭취하면 콜레스테롤 상승을 억제할 수 있으며 보라색을 띠는 안토시아닌은 항산화 효과가 뛰어납니다.

매생이 떡국 **2~3인분**

식물성 고단백 식품인 매생이는 그 특유의 향 때문에
싫어하는 아이들이 있는데요. 떡이나 면에 넣고 함께
끓여주면 아이가 곧잘 먹는답니다.

01

매생이는 고운체에 밭쳐 흐르는 물에 흔들어 씻고 가위로 자른다.

TIP 고운체에 밭쳐 씻어야 매생이가 흘러내리지 않아요. 매생이의 양은 아이의 기호에 따라 조절해요.

02

떡국떡은 찬물에 담가 불린다.

03

멸치다시마육수를 냄비에 붓고 육수가 끓으면 불린 떡을 넣는다.

04

떡이 익으면 국간장, 다진 마늘, 매생이를 넣고 소금으로 간을 맞춘다.

TIP 뚜껑을 덮고 끓이면 국물이 넘칠 수 있으니 주의하세요.

재료

- ☐ 매생이 4큰술
- ☐ 떡국떡 2컵
- ☐ 멸치다시마육수(P. 13) 2컵
- ☐ 국간장 1/2큰술
- ☐ 다진 마늘 1/2작은술
- ☐ 소금 약간
- ☐ 참기름 1/2작은술

・엄마표 제안・

매생이, 요리 더하기!

매생이전

[재료]
매생이 1/2컵, 부침가루 1/2컵, 물 2/3컵, 다진 파프리카 2큰술, 다진 양파 2큰술, 참기름 1작은술, 포도씨유 2큰술

매생이를 흐르는 물에 깨끗이 씻어 먹기 좋은 크기로 자르고, 다진 파프리카와 양파를 준비하세요. 그 다음 포도씨유를 제외한 모든 재료를 섞어 반죽을 만들고 노릇노릇하게 부치면 완성입니다.

05

참기름을 넣어 한소끔 더 끓인 후 마무리한다.

TIP 매생이를 끓일 때는 한쪽 방향으로 저어주어야 엉키지 않아요.

임상영양사의 한 마디

매생이는 저열량이면서 큰 포만감을 주는 식품으로 육류와 가공품의 잦은 섭취로 산성화되어가는 몸을 약알칼리화시켜 체내 균형을 맞춰줍니다. 또한 아스파라긴산이 콩나물보다 월등히 풍부한 고단백질 식품이며, 신체 발달에 필요한 영양소가 고루 들어있어 성장기 아이에게 아주 좋습니다.

토마토 카레라이스 2~3인분

아이들이 좋아하는 카레에 토마토를 넣어서 새콤달콤
하게 만들었어요. 맛과 영양까지 업그레이드된 카레라
이스랍니다.

01

닭가슴살과 감자, 양파, 당근을 먹기 좋은 크기로 작게 깍둑썬다.

02

방울토마토는 십자(十) 모양으로 칼집을 내 끓는 물에 1분간 살짝 데친 다음, 껍질을 제거하고 2~4등분으로 자른다.

재료

- ☐ 닭가슴살 1쪽
  (or 닭안심 2쪽)
- ☐ 감자中 1개
- ☐ 양파中 1/2개
- ☐ 당근 1/4개
- ☐ 방울토마토 10개
- ☐ 포도씨유 2큰술
- ☐ 물 2컵
- ☐ 우유 1컵
- ☐ 밥 1.5공기

카레 물

- ☐ 시판 카레가루 1/2팩
- ☐ 물 1/2컵
  + 미리 섞어두세요.

03

달군 프라이팬에 포도씨유를 두르고 양파를 먼저 볶다가 양파가 투명하게 익으면 감자와 당근, 닭가슴살을 넣고 3~4분간 볶는다. 그다음 방울토마토를 넣고 1분간 더 볶는다.

04

물을 넣고 뚜껑을 덮어 5분간 끓인다.

• 엄마표 제안 •

- 요리하기 전 닭가슴살을 우유에 20분 정도 재워두면 닭 특유의 잡내를 제거할 수 있어요.
- 채소를 익히는 동안 카레가루를 물에 풀어두면 뭉치지 않고 골고루 섞을 수 있어요.

05

재료가 어느 정도 익으면 우유를 넣고 끓인다.

06

끓기 시작하면 불을 줄이고 카레 물을 붓는다. 잘 저어가며 한 번 더 끓인 뒤 밥 위에 올려 마무리한다.

임상영양사의 한 마디

카레의 주성분인 강황은 염증을 방지하고 항암 물질이 함유되어 있어 면역력을 증가시켜줍니다. 또한 닭가슴살은 다른 동물성식품에 비해 단백질이 많이 함유되어 있으며 지방이 적고 담백해서 소화·흡수가 잘됩니다.

표고버섯 밥전 2인분

찬밥이 남아있을 때 뚝딱 만들기 좋은 메뉴입니다. 아이가 잘 먹지 않는 식재료를 잘게 다져 만들면 편식 걱정도 끝! 특유의 맛과 향이 강해 기피 대상 1호였던 표고버섯도 이젠 맛있게 먹어요.

01

표고버섯, 양파, 애호박, 피망, 파프리카는
손질한 후 잘게 다진다.

냉장고 속 다른 자투리 채소를 넣어도 좋아요.

02

포도씨유를 두른 프라이팬에 1번의 다진
채소와 소금을 넣고 센불에서 볶은 다음
한 김 식힌다.

재료

- ☐ 표고버섯 2개
- ☐ 양파 1/4개
- ☐ 애호박 1/5개
- ☐ 피망 1/4개
- ☐ 파프리카 1/4개
- ☐ 소금 약간
- ☐ 포도씨유 1큰술
- ☐ 카레가루 1큰술
- ☐ 달걀 1개
- ☐ 밥 1공기
- ☐ 전분가루 1큰술

03

볼에 카레가루와 달걀을 넣어 미리 풀어
둔다. 카레가루가 쉽게 풀어지지 않으므
로, 꼼꼼히 저어 잘 풀어준다.

04

카레+달걀물에 2번의 볶은 채소와 밥, 전
분가루를 넣은 후 골고루 섞는다.

· 엄마표 제안 ·

표고버섯은 섬유질이 풍부
해서 변비 예방에 좋아요.
뿐만 아니라, 비타민D가 칼
슘 흡수를 도와 아이의 뼈
성장에도 좋답니다.

05

포도씨유를 두른 프라이팬에 밥 반죽을 한 순가락씩 떠서 올린 뒤, 중불에서 노릇하게
부친다. 겉면이 익으면 약불로 줄여 속까지 익혀 마무리한다.

임상영양사의 한 마디

표고버섯의 알리신, 글루타
민산 등과 같은 아미노산
성분은 요리의 감칠맛을 더
해주고, 칼로리는 낮지만 대
사에 필요한 비타민B₁, B₂,
니아신이 풍부하게 들어있
습니다. 또한 베타글루칸과
그 일종인 렌티난 성분이 혈
관을 깨끗이 하고 면역 기능
을 높이며, 인터페론이라는
방어 물질을 생성해 건강을
유지시킵니다.

두부 오므라이스 2인분

두부의 수분을 잘 제거하는 것이 이 요리의 포인트!
번거롭더라도 두부의 수분을 제대로 제거해야 맛있는
오므라이스를 만들 수 있어요.

01

양파와 당근은 잘게 썰고, 달걀은 소금을 약간 넣어 풀어준다. 두부는 칼 옆면으로 으깬 뒤, 면포를 사용해 물기를 꽉 짠다.

TIP 달걀의 알끈을 제거하면 더욱 부드럽게 만들 수 있어요.

02

오이는 돌려깎아 씨를 제거한 후, 잘게 썰어 소금 1/4작은술에 잠시 재워둔다. 오이에서 수분이 나오면 키친타월 위에 올려 물기를 제거한다.

03

으깬 두부는 수분이 날아가 고슬고슬해질 때까지 마른 프라이팬에 중약불로 볶는다.

04

달군 프라이팬에 포도씨유 1큰술을 두르고 양파를 먼저 볶다가 당근, 오이 순으로 볶는다. 두부를 넣어 볶다가 밥과 간장을 넣고 볶은 뒤 부족한 간은 소금으로 맞추고 참기름을 넣어 섞는다.

05

달군 프라이팬에 포도씨유를 두르고 키친타월로 기름을 살짝 닦아낸 뒤, 달걀을 부어 약불에서 부친다.

06

오목한 그릇에 달걀부침을 넣고, 볶음밥을 꾹꾹 눌러 담은 후 뒤집어 모양을 만들어 마무리한다. 기호에 따라 토마토케첩을 뿌린다.

재료

- ☐ 밥 1공기
- ☐ 두부 1/3모
- ☐ 양파 1/4개
- ☐ 당근 1/5개
- ☐ 오이 1/4개
- ☐ 달걀 2개
- ☐ 소금 적당량
- ☐ 간장 1작은술
- ☐ 참기름 1작은술
- ☐ 포도씨유 적당량

선택 재료

- ☐ 토마토케첩

· 엄마표 제안 ·

- 볶음밥 재료는 취향에 따라 넣어주세요. 집에 남아있는 채소를 활용하면 좋답니다.
- 맛간장 대신 토마토케첩이나 일반 간장을 넣어 볶아도 좋아요. 부족한 간은 소금을 넣어 맞춰주세요.

임상영양사의 한 마디

두부는 콩 단백질인 글리시닌에 염을 넣어 응고한 것으로 소화가 잘되며, 체내의 신진대사와 성장·발육에 필요한 필수아미노산과 필수지방산, 칼슘과 철분 등이 많이 함유된 식물성단백질 식품입니다. 두부의 원재료인 대두에 들어있는 사포닌은 혈액을 맑게 만들어주고, 이소플라보노이드는 세포의 손상과 그로 인한 질병 예방에 도움이 됩니다.

황태 콩나물죽 2인분

황태는 명태가 겨울 바람에 얼고 녹기를 20번 정도 반복하면서 서서히 건조된 것으로, 부드럽고 육질이 쫄깃한 게 특징이에요. 고단백, 저지방 식품이라 성장기 아이에게 아주 좋답니다.

☐ 불린 쌀 1컵
☐ 황태채 1컵
☐ 따뜻한 물 1컵
☐ 콩나물 1/2줌
☐ 멸치다시마육수(P. 13) 5컵
☐ 참기름 1큰술
☐ 소금 약간
☐ 국간장 약간

01

02

황태채를 따뜻한 물에 담가 10분간 불린 후 잘게 자른다. 황태채 불린 물은 버리지 말고 따로 덜어둔다.

콩나물은 손질해서 깨끗하게 씻은 후 2~3 등분한다.

03

04

냄비에 참기름을 두르고 1번의 황태채를 볶다가 불린 쌀을 넣어 쌀이 투명해질 때까지 볶는다.

Tip 쌀은 1시간 정도 미리 불려서 준비하세요.

황태채 불린 물과 멸치다시마육수를 붓고 센불로 끓인다. 끓기 시작하면 콩나물을 넣어 중불로 줄이고, 다시 끓어오르면 약불로 줄여 뭉근히 끓인다.

◦엄마표 제안◦

• 황태채 불린 물은 버리지 말고 4번 과정에서 멸치다시마육수와 함께 넣고 끓여주세요. 이렇게 하면 물에 녹아 나온 영양분까지 섭취할 수 있어요.
• 일반 밥과 비교했을 때, 죽은 5~6배의 물을 넣어요. 조리 중에 물의 양이 부족하다고 생각되면, 조금씩 보충해주세요.

05

쌀이 푹 퍼지면 소금과 국간장으로 간을 맞추고, 약불에서 2분간 더 끓여 마무리한다.

임상영양사의 한 마디

• 콩나물은 대두의 싹을 틔운 것으로, 발아 과정에서 비타민C가 생성되고 아스파라긴산과 글루탐산과 같은 아미노산 함량이 증가하며, 올리고당과 피트산은 분해됩니다.
• 콩나물은 뚜껑을 열고 삶으면 콩나물에 있는 리폭시게나아제가 불포화지방산의 산화에 관여하여 비린내 성분을 형성하기 때문에 반드시 뚜껑을 덮고 요리합니다.

소고기 시금치죽 2인분

아이가 아파서 식욕이 없다면, 소고기와 시금치를 넣어
죽을 끓여주세요. 뽀빠이처럼 금방 기운이 날 거예요.

재료

- 불린 쌀 1컵
- 다진 소고기 1/2컵
- 시금치 1/2줌
- 양파 1/4개
- 물 6컵
- 참기름 1큰술
- 소금 약간

시금치 데치기

- 물 2컵
- 소금 1/2작은술

소고기 밑간

- 국간장 1작은술
- 참기름 1작은술

01 끓는 물에 소금을 넣고 시금치의 숨이 죽을 정도만 데친 후, 찬물에 헹군다.

02 쌀은 1시간 정도 불린 뒤 물기를 빼고, 시금치와 양파는 잘게 다져 준비한다. 다진 소고기는 핏물을 제거하고 분량의 밑간 재료를 넣어 재워둔다.

03 냄비에 참기름을 두르고 양파를 볶다가, 밑간한 소고기와 불린 쌀을 넣고 쌀이 투명해질 때까지 볶는다.

04 물을 붓고 센불에서 끓이다가 약불로 줄여 바닥에 눌어붙지 않도록 잘 저어가며 끓인다. 이때 중간에 생기는 거품은 걷어내는 것이 좋다.

· 엄마표 제안 ·

- 시금치를 데칠 때는 단단한 줄기 부분부터 넣어 골고루 데쳐주세요.
- 쌀을 씻은 마지막 물은 버리지 말고 4번에서 죽에 넣어주면 좋아요.

05 20분간 끓이다가 쌀이 퍼지면 시금치를 넣고, 소금으로 간을 해 마무리한다.

임상영양사의 한 마디

소화·흡수에 좋은 시금치는 비타민A, C, 칼슘, 철분 등 영양소가 풍부해서 성장기 아이에게 정말 좋은 식품입니다. 칼륨도 풍부해 몸 속 불필요한 염분을 배출하고, 혈액순환을 원활하게 해줍니다. 또한 뿌리에 풍부한 망간은 뼈 형성에 도움이 됩니다.

전복죽 2인분

예로부터 원기회복에 좋은 음식으로 알려져 있는 전복은 내장에 전체 영양분의 70%가 들어있어요. 영양가득한 내장을 넣고 죽을 끓여 영양을 채워볼까요?

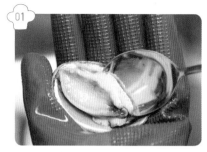

01

전복은 솔을 이용해서 구석구석 깨끗하게 닦은 다음 숟가락으로 껍데기와 살을 분리한다.

TIP 숟가락을 전복의 껍데기와 살 사이에 넣고 살살 긁어내듯 분리하면 내장이 터지지 않아요.

02

전복의 내장과 살을 분리하고, 단단한 이빨을 제거한다. 손질한 전복살은 잘게 썰어둔다.

재료

☐ 불린 쌀 1컵
☐ 전복 2마리
☐ 참기름 1.5큰술
☐ 물 5컵
☐ 소금 약간

03

냄비에 참기름을 두르고 불린 쌀과 전복 내장을 넣은 후, 내장을 으깨가며 볶는다.

TIP 내장을 잘 볶아야 비린 맛이 나지 않고 고소해요.

04

쌀이 투명해질 때까지 볶다가 물을 넣고 센불로 끓인다.

· 엄마표 제안 ·

· 멥쌀은 1시간 정도 미리 불려주세요.
· 불린 쌀을 갈아서 넣으면 더 부드러운 식감의 죽을 만들 수 있어요.
· 깨끗하게 씻은 전복을 끓는 물에 살짝 데치면, 껍데기와 쉽게 분리된답니다.

05

끓어오르면 약불로 줄여 썰어둔 전복살을 넣고 쌀이 퍼질 때까지 끓인다. 물이 부족할 수도 있으니, 중간중간 분량 외의 뜨거운 물을 넣어가며 농도를 맞춘다.

06

부족한 간을 소금으로 맞춰 마무리한다.

임상영양사의 한 마디

전복은 피로 회복은 물론 강장 식품으로도 좋습니다. 허약한 아이에게 전복죽을 끓여 먹이면 기운 회복에 도움이 되고, 방광염이 있거나 눈이 자주 피로해지는 아이에게도 많은 도움이 됩니다.

감자 우유수프 **2인분**

감자수프에 우유와 치즈를 넣어서 좀 더 부드러운 맛
을 내보았어요. 아침밥 먹기 싫어하는 아이에게 끓여
주면 든든하게 하루를 시작할 수 있답니다.

01

감자와 양파를 잘게 다진다.

TIP 잘게 다지면 다질수록 조리시간을 줄일 수 있어요.

02

냄비에 버터를 넣고 녹인 뒤 올리브유를 두르고 양파를 넣어 1분간 볶는다. 양파가 살짝 익으면 감자를 넣고 중약불에서 3분간 볶는다.

재료

☐ 감자中 1개
☐ 양파中 1/3개
☐ 버터 1/2큰술
☐ 올리브유 1/2큰술
☐ 물 1/2컵
☐ 우유 1.5컵
☐ 슬라이스치즈 1장
☐ 소금 약간
☐ 후추 약간

03

물을 붓고 뚜껑을 덮어 약 3분간 끓인다.

04

감자가 익으면 냄비를 불에서 내려 한 김 식힌 후 우유를 붓고 곱게 갈아준다.

· 엄마표 제안 ·

· 감자의 씹히는 식감을 원한다면 4번에서 살짝만 갈아도 좋아요.
· 수프에 간을 맞출 때는 치즈를 먼저 넣어 맛을 확인한 후 소금의 양을 조절하세요.

05

다시 불에 올리고 수프가 끓어오르면 슬라이스치즈를 올린 뒤, 소금과 후추로 간을 맞춰 마무리한다.

임상영양사의 한 마디

감자는 알칼리성식품으로 칼륨, 철분, 마그네슘 등의 무기질과 비타민B군, 비타민C, 필수아미노산 등 라이신이 많이 함유되어있어 성장기 어린이에게 좋습니다. 또한 식이섬유인 펙틴이 들어있어 변비를 예방할 수 있습니다.

김치 스파게티 2~3인분

아이들이 좋아하는 크림스파게티에 김치를 넣어 만들
었어요. 김치와 크림소스가 만나니 김치를 못 먹던 아
이들도 맛있게 먹을 수 있답니다.

01 냄비에 분량의 물과 소금을 넣어 끓이다가, 물이 끓어오르면 스파게티면을 넣고 8분 간 삶는다.

02 김치와 베이컨은 폭 1cm로 썰고, 양파는 좀 더 가늘게 채 썬다. 통마늘은 다져서 준비한다.

재료

- □ 스파게티면 1줌(80g)
- □ 배추김치(줄기 부분) 2장
- □ 베이컨 2줄
- □ 양파小 1/2개
- □ 통마늘 1쪽
- □ 우유 1.5컵
- □ 달걀노른자 1개
- □ 올리브유 1큰술
- □ 소금 1/3작은술
- □ 후추 약간

면 삶기

- □ 물 5컵
- □ 소금 1/2큰술

03 볼에 우유와 달걀노른자를 넣고 잘 섞어 둔다.

04 달군 프라이팬에 올리브유를 두르고 다진 마늘과 채 썬 양파를 넣어 1분간 볶다가 베이컨을 넣고 1분, 김치를 넣고 1분씩 볶 는다.

· 엄마표 제안 ·

만약 스파게티면을 삶고 바로 조리하지 않을 경우에는 삶은 면에 올리브유 1큰술을 넣고 섞어두면 면이 붙지 않아요.

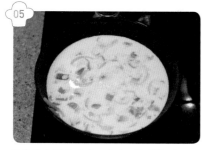

05 3번에서 섞은 우유+달걀노른자를 넣고 소금과 후추를 넣은 다음 끓인다.

06 소스가 보글보글 끓으면 1번에서 삶은 스파게티면을 넣고 간이 잘 배도록 저어가 며 끓여 마무리한다.

임상영양사의 한 마디

재료를 볶을 때 사용한 올리 브유에는 비타민E와 베타카로틴이 함유되어있습니다. 그렇기 때문에 베타카로틴이 풍부한 당근을 올리브유에 볶아 먹으면 평소보다 50% 정도 흡수율을 높일 수 있습니다.

토마토 파스타 2인분

아이들이 좋아하는 토마토 파스타를 오일 파스타 느낌으로 깔끔하게 만들어봤어요. 다양한 모양 파스타를 사용해 파스타면을 골라 먹는 재미도 느낄 수 있는 담백한 파스타랍니다.

01

분량의 파스타 삶기 물에 모양 파스타를 8분간 삶아 물에 헹구지 말고 바로 체에 담아 올리브유 1큰술을 뿌린다. 이때, 면수는 1/2컵 정도 남겨둔다.

02

방울토마토의 꼭지를 제거한 후, 십자(十) 모양으로 칼집을 내고 끓는 물에 데쳐 껍질을 벗긴 뒤 2~4등분으로 잘라 준비한다.

재료

- ☐ 모양 파스타 2컵
- ☐ 방울토마토 10개
- ☐ 베이컨 2줄
- ☐ 양파소 1/2개
- ☐ 다진 마늘 1작은술
- ☐ 올리브유 2큰술
- ☐ 소금 약간
- ☐ 후추 약간

파스타 삶기

- ☐ 물 4컵
- ☐ 소금 1/2큰술

선택 재료

- ☐ 바질가루
- ☐ 파르메산치즈

03

베이컨은 2cm 길이로 썰고, 양파는 채 썰어둔다.

TIP 베이컨을 끓는 물에 한 번 데친 후 사용하면 기름기가 빠져 담백하게 먹을 수 있어요.

04

프라이팬에 올리브유 1큰술을 두르고 약불에서 다진 마늘과 양파를 볶다가, 방울토마토와 베이컨을 넣고 볶는다. 볶은 후에 따로 담아둔 면수 1/2컵을 넣고 끓인다.

• 엄마표 제안 •

대형마트나 백화점 식품코너에 가면 다양한 모양의 파스타를 쉽게 구매할 수 있어요.

05

1번에서 삶은 모양 파스타를 넣고 조금 더 끓여준 다음, 소금과 후추로 간을 맞춘다. 기호에 따라 바질가루와 파르메산치즈를 뿌려 마무리한다.

임상영양사의 한 마디

토마토는 배변활동을 원활하게 해주는 섬유질과 면역력을 증진시키는 데 도움을 주는 카로틴, 비타민 C가 풍부합니다. 특히 탄수화물이 적기 때문에 소아비만 다이어트에 좋은 식품입니다.

어묵 볶음우동 <small>2인분</small>

어묵과 채소를 넣어 간단하게 만든 볶음우동은 주말 점심이나 간식으로 먹기 좋은 한 그릇 식입니다. 매콤한 양념장으로 만들면 엄마, 아빠와 함께 즐겁게 먹을 수 있어요.

01

사각어묵, 파프리카, 양배추, 양파는 4cm 길이로 채 썰고 분량의 양념장 재료는 모두 섞어 준비한다.

🅣🅘🅟 어묵은 끓는 물에 한 번 데친 후 사용하면 더욱 깔끔하게 즐길 수 있어요.

02

끓는 물에 우동면을 넣고 살살 흔들면서 데친 후 체에 밭친다.

🅣🅘🅟 뭉친 우동면은 억지로 풀면 끊어져요. 끓으면서 자연스럽게 풀어질 때까지 기다리세요.

재료

- ☐ 우동면 1봉지(200g)
- ☐ 사각어묵 1장
- ☐ 빨강 파프리카 1/4개
- ☐ 노랑 파프리카 1/4개
- ☐ 양배추 1장(1/2통 기준)
- ☐ 양파 1/2개
- ☐ 포도씨유 1큰술

양념장

- ☐ 간장 1.5큰술
- ☐ 물 2큰술
- ☐ 설탕 1작은술
- ☐ 참기름 1작은술
- ☐ 다진 마늘 1/2작은술

선택 재료

- ☐ 통깨 약간
- ☐ 김가루 약간

03

프라이팬에 포도씨유를 두르고 양파를 넣어 볶다가 파프리카와 양배추를 넣고 1분간 센불에서 볶는다.

04

미리 섞어둔 양념장을 넣고 끓인다.

・엄마표 제안・

어른들을 위한 매콤한 양념장 레시피

- ・고춧가루 1큰술
- ・고추장 1큰술
- ・간장 1큰술
- ・설탕 1작은술
- ・참기름 1작은술
- ・다진 마늘 1작은술

05

어묵과 우동면을 넣고 간이 배도록 골고루 섞어가며 볶아 마무리한다. 기호에 따라 통깨와 김가루를 올려도 좋다.

임상영양사의 한 마디

생선을 으깨 만든 어묵은 생선살이 많이 함유되어 있을수록 맛이 좋고 필수아미노산의 함량이 높아져 소화가 더 잘됩니다. 생선살 속 불포화지방산은 혈액 내 콜레스테롤 수치를 낮춰 혈액순환을 원활하게 하고 심장질환의 위험을 감소시켜줍니다.

애호박 멸치국수 **2인분**

날이 춥거나 으스스해서 뜨끈한 음식이 생각나는 날.
멸치육수로 맛을 낸 따뜻하면서도 시원한 국수 한 그
릇 어떨까요?

01

냄비에 분량의 육수 재료를 모두 넣고 육수가 끓어오르면 다시마를 먼저 건진 뒤, 10분 정도 더 끓인다.

TIP 멸치는 내장을 제거하고 마른 프라이팬에 볶아 수분을 날려 사용하면 비린내가 나지 않아요.

02

작은 볼에 분량의 양념장 재료를 모두 넣고 잘 섞는다.

재료

- ☐ 소면 1줌
- ☐ 애호박 1/4개
- ☐ 당근 1/5개
- ☐ 소금 적당량
- ☐ 포도씨유 1큰술

육수

- ☐ 물 3컵
- ☐ 양파 1/4개
- ☐ 다시마(3×7cm) 1장
- ☐ 멸치 10마리
- ☐ 무 1/2도막

양념장

- ☐ 간장 1.5큰술
- ☐ 설탕 1/2작은술
- ☐ 다진 파 1큰술
- ☐ 다진 마늘 1/3작은술
- ☐ 참기름 1큰술

03

애호박과 당근은 채 썬 후, 각각 소금을 2꼬집씩 뿌려 잠시 절인 뒤, 키친타월 위에 올려 물기를 제거한다.

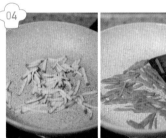

04

절인 애호박과 당근을 포도씨유를 두른 프라이팬에 각각 볶아 준비한다.

TIP 센불에서 색이 연한 애호박부터 볶아야 재료에 물이 들지 않아요.

• 엄마표 제안 •

- 소면을 삶을 때 소면을 넣고 물이 끓어오르면 찬물 1/2컵을 부어 넘치지 않게 해주세요. 이와 같은 과정을 3회 정도 반복하면 맛있게 삶을 수 있답니다.
- 삶은 소면을 찬물에 여러 번 헹구면 전분기가 잘 제거돼 면발이 쫄깃해져요.

05

소면은 끓는 물에 삶고, 찬물에 여러 번 헹군 뒤 물기를 뺀다.

06

그릇에 소면을 담고 1번의 육수를 체에 걸러 부은 뒤, 애호박과 당근을 올리고 양념장을 곁들여 마무리한다.

임상영양사의 한 마디

칼슘 섭취에 좋은 멸치와 소화에 좋은 무를 이용한 육수에 신진대사와 소화에 좋은 애호박과 당근을 넣어 건강하게 만든 국수입니다. 이외에도 김치나 소고기를 조금씩 넣어주면 매운 김치에 대한 거부감이 줄어 더 건강하게 섭취할 수 있습니다.

과일 비빔국수 2인분

과일로 만든 양념장의 새콤달콤한 맛이 일품인 국수입니다. 과일의 단맛 때문에 고추장의 매운맛이 강하게 느껴지지 않아서, 매운 음식을 먹지 못하는 아이들도 좋아한답니다.

재료

- ☐ 소면 1줌
- ☐ 오이 1/4개
- ☐ 사과 1/8개
- ☐ 방울토마토 2개
- ☐ 새싹채소 약간

양념장

- ☐ 사과 1/4개
- ☐ 방울토마토 3개
- ☐ 간장 1.5큰술
- ☐ 고추장 1작은술
- ☐ 오렌지주스 3큰술
- ☐ 설탕 1작은술
- ☐ 참기름 1큰술
- ☐ 깨소금 1작은술

사과는 껍질째 채 썰고, 오이는 돌려깎은 후 채 썬다. 방울토마토는 4등분하고 새싹채소는 깨끗하게 씻어 물기를 제거한다.

TIP 사과를 설탕물에 담그면 갈변을 방지할 수 있어요.

분량의 양념장 재료를 모두 섞은 뒤, 믹서나 푸드프로세서에 넣고 갈아준다. 이때 고추장은 아이의 연령에 따라, 설탕은 사과의 당도에 따라 가감한다.

물을 끓인 뒤, 소면을 넣고 삶아 찬물에 헹군다.

TIP 애호박 멸치국수(P. 68)의 엄마표 제안을 참고해 소면을 삶아주세요.

삶은 소면을 그릇에 담고, 사과와 오이, 방울토마토, 새싹채소를 올린 다음 양념장을 곁들여 마무리한다.

• 엄마표 제안 •

- 양념장은 미리 만들어서 반나절 정도 냉장 숙성시키면 더욱 맛있어요.
- 삶은 면을 얼음물에 담가두었다가 사용하면, 면발이 더욱 탱탱해진답니다.

임상영양사의 한 마디

체내의 독성과 여러 첨가물 배출에 도움을 주는 과일과 채소는 매일 꾸준히 섭취하는 것이 좋습니다. 사과와 오렌지 외에도 자몽, 레몬과 같은 과일을 이용해 소스를 만들어도 좋습니다.

단호박 수제비 2인분

단호박을 으깨 넣어 달달하면서도 색감이 예쁜 수제비예요. 단호박 이외에도 다른 천연재료를 반죽에 섞으면 다양한 색의 수제비를 만들 수 있어 아이들이 참 좋아한답니다.

- 삶은 단호박 3큰술
- 밀가루 1컵
- 소금 1/4작은술
- 물 4큰술
- 양파 1/4개
- 애호박 1/5개
- 멸치다시마육수(P. 13) 3컵
- 된장 1/2큰술

01

단호박은 반으로 잘라 찐 다음 껍질을 벗기고, 뜨거울 때 곱게 으깬다.

02

볼에 으깬 단호박과 밀가루, 소금을 넣고 물을 조금씩 넣어가며 반죽한다. 날가루가 없이 잘 뭉쳐지면 10분간 치대고 냉장고에서 살짝 숙성시킨다.

03

양파와 애호박은 굵게 채 썰어 준비한다.

04

냄비에 멸치다시마육수를 붓고 끓기 시작하면 된장을 풀어 넣은 뒤, 2번의 수제비 반죽을 얇게 떼어 넣는다.

TIP 손에 물을 살짝 묻히면 반죽을 쉽게 떼어 넣을 수 있어요.

05

양파와 애호박을 넣고, 수제비가 동동 떠오를 때까지 익혀 마무리한다. 만약 간이 부족하다면 분량 외의 소금으로 맞춘다.

• 엄마표 제안 •

- 단호박을 씻은 후 전자레인지에서 약 2~3분가량 돌리면 반으로 자르기 쉬워져요.
- 시금치나 당근 등의 재료를 이용해서 반죽을 다양한 색으로 만들어보세요.
- 수제비 반죽을 반나절 정도 냉장고에서 숙성시키면 식감이 더욱 쫄깃해져요.

임상영양사의 한 마디

단호박은 탄수화물, 비타민, 철분, 칼슘 등 성장기 아이에게 필요한 영양소가 고루 들어있어 여러 요리에 활용하기 좋은 영양 식품입니다. 하지만 소화시간이 길기 때문에 위장이 약한 아이라면 주의하는 것이 좋습니다.

닭 미역 칼국수 2인분

면 요리를 좋아하는 아이를 위해 영양을 듬뿍 넣은 칼
국수를 만들어주세요. 닭가슴살을 넣은 담백한 국물에
미역을 넣은 칼국수는 다른 반찬이 없어도 한 그릇 뚝
딱 비우는 특별 메뉴랍니다.

- ☐ 닭가슴살 1쪽
- ☐ 불린 미역 1/2컵
- ☐ 애호박 1/2개
- ☐ 칼국수면 150g
- ☐ 소금 약간
- ☐ 후추 약간

닭가슴살 삶기

- ☐ 물 4컵
- ☐ 마늘 3쪽
- ☐ 대파 1/2대
- ☐ 통후추 1/4작은술

닭 양념

- ☐ 소금 1/2작은술
- ☐ 다진 마늘 1작은술
- ☐ 후추 약간
- ☐ 참기름 1작은술

애호박 양념

- ☐ 소금 1/2작은술
- ☐ 참기름 1작은술

선택 재료

- ☐ 달걀지단
- ☐ 김가루

· 엄마표 제안 ·

애호박을 국물에 넣을 경우, 채 썬 애호박을 볶지 말고 5번 과정에서 미역과 함께 넣어주세요.

임상영양사의 한 마디

'바다의 채소'라고 불리는 미역에는 알긴산이라는 난소화성 식이섬유가 있는데, 체내 여러 중금속과 콜레스테롤을 배설시키고 변비 해소에 효과가 있습니다. 이 성분은 수용성이기 때문에 미역 불릴 때 사용한 물을 버리지 말고 이용하는 것이 좋습니다. 그 외 요오드와 칼슘, 철분 등 무기질도 풍부하게 들어있습니다.

01

냄비에 닭가슴살 삶는 재료와 닭가슴살을 넣고 7~8분간 삶은 뒤, 건더기와 국물을 분리한다.

02

닭가슴살은 잘게 찢어 분량의 닭 양념에 무쳐 준비한다. 닭 육수는 한 김 식힌 뒤 면포에 거른다.

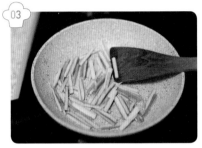
03

애호박은 돌려깎은 후 채 썰어서 소금에 절인 뒤, 물기를 제거해 참기름을 살짝 두른 프라이팬에 볶는다. 미역은 불려 잘게 잘라 준비한다.

04

끓는 물에 칼국수면을 넣고 2분간 삶는다.

TIP 칼국수는 면에 묻어 있는 밀가루를 털어내고 삶아야 텁텁한 맛이 사라져요. 또한 육수에 한 번 더 끓여야 하기 때문에 오래 삶지 않는 것이 좋아요.

05

준비한 닭 육수와 미역을 넣고 끓어오르면 삶은 칼국수면을 넣어 2~3분간 더 끓인 뒤, 소금과 후추로 간을 맞춘다.

TIP 고명으로 올릴 닭가슴살과 애호박에 간이 되어있으니 국물의 간은 세게 맞추지 마세요.

06

칼국수를 그릇에 담고 볶은 애호박과 찢어 둔 닭가슴살을 고명으로 올려 마무리한다.

TIP 달걀지단이나 김가루를 올려도 좋아요.

굴림만둣국 2~3인분

만두소를 밀가루에 굴려 간단하게 만든 굴림만두로
만둣국을 만들었어요. 동글동글 한입 크기로 빚었기
때문에 아이들이 먹기 편할 거예요.

01

다진 돼지고기는 키친타월을 사용해 핏물을 제거한다. 두부는 으깬 뒤 물기를 꽉 짜고, 숙주나물은 데친 뒤 잘게 다진다. 부추도 다져 준비한다.

02

양파는 곱게 다져 포도씨유를 살짝 두른 프라이팬에 볶아서 한 김 식힌다.

03

다진 돼지고기와 두부, 숙주나물, 부추, 볶은 양파를 볼에 넣고 분량의 만두 양념 재료를 모두 넣어 골고루 섞는다.

04

3번의 반죽을 한입 크기로 동그랗게 빚어 밀가루에 굴린 다음, 김 오른 찜기에 넣고 8~10분간 찐다.

[TIP] 겉이 투명해지고 살짝 눌렀을 때 단단하면 익은 거예요.

05

냄비에 다시마육수를 붓고 끓이다가 육수가 끓어오르면 찐 굴림만두와 국간장을 넣고 끓인다.

06

달걀을 풀어 넣고 부족한 간을 소금으로 맞춘다. 대파를 송송 썰어 넣어 한소끔 끓인 다음 김을 잘게 부숴 넣고 참기름을 살짝 둘러 마무리한다.

재료

굴림만두(만두 25개 분량)
- [ ] 돼지고기(안심) 150g
- [ ] 두부 1/4모
- [ ] 숙주나물 1줌
- [ ] 부추 3줄기
- [ ] 양파 1/4개
- [ ] 포도씨유 약간
- [ ] 밀가루 2큰술

만두 양념
- [ ] 소금 1/3작은술
- [ ] 다진 마늘 1작은술
- [ ] 청주 1작은술
- [ ] 참기름 1작은술
- [ ] 후추 약간

만둣국
- [ ] 다시마육수(P. 12) 2컵
- [ ] 굴림만두 15개
- [ ] 국간장 1큰술
- [ ] 달걀 1개
- [ ] 대파(10cm) 1대
- [ ] 구운 김 1장
- [ ] 소금 약간
- [ ] 참기름 약간

· 엄마표 제안 ·

- 굴림만두를 만들 때는 각 재료의 물기를 잘 제거해야 만두가 깨지지 않아요.
- 만두소에 당면이나 다진 김치를 넣어도 좋아요.

임상영양사의 한 마디

굴림만두에 들어가는 두부의 콩 단백질은 필수아미노산을 균형 있게 함유하고 있으며 비타민B군, 철분, 칼슘, 사포닌 등의 유효 성분이 많이 들어있습니다. 또한 기억력과 학습 능력을 향상시키고 뇌 세포를 활성화시키는 레시틴도 풍부합니다.

생선가스 2~3인분

동태살이나 대구살을 이용하면 집에서도 손쉽게 바삭
바삭한 생선가스를 만들 수 있어요. 직접 만든 타르타
르소스를 곁들이고, 밥과 함께 담아내면 근사한 한 끼
가 된답니다.

01

동태살을 키친타월 위에 올려 물기를 제
거한다.

02

소금과 후추를 뿌려 밑간한다.

재료

- ☐ 동태살(대구살) 1/2마리
- ☐ 소금 1/2작은술
  (크기에 따라 가감)
- ☐ 후추 약간
- ☐ 밀가루 3큰술
- ☐ 달걀 1개
- ☐ 빵가루 1컵
- ☐ 포도씨유 넉넉히

타르타르소스

- ☐ 플레인요거트 3큰술
- ☐ 다진 오이피클 1큰술
- ☐ 다진 양파 1큰술
- ☐ 레몬즙 1작은술
- ☐ 설탕 1작은술
- ☐ 소금 약간
- ☐ 후추 약간

선택 재료

- ☐ 허브가루 약간

03

동태살에 밀가루, 달걀, 빵가루 순으로 튀
김옷을 입힌다.

TIP 빵가루에 허브가루를 섞으면 향긋한 맛이 더해
져요.

04

프라이팬에 포도씨유를 넉넉하게 두른 뒤,
튀김옷을 입힌 동태살을 앞뒤로 노릇하게
굽는다.

TIP 동태살에 오일스프레이를 뿌린 후 에어프라이
어에 노릇하게 구워도 좋아요.

• 엄마표 제안 •

- 시판 건식 빵가루는 물이
  나 우유를 조금 넣은 다음
  비벼 촉촉하게 만들면 튀
  김옷이 잘 입혀져요.
- 타르타르소스를 만들 때
  플레인요거트 대신 마요네
  즈를 넣어도 좋아요.
- 다진 양파는 물에 담가 매
  운맛을 제거해주세요.

05

볼에 분량의 타르타르소스 재료를 모두
섞은 후, 생선가스와 함께 곁들여 마무리
한다.

임상영양사의 한 마디

동태나 대구와 같은 흰살생선은 단백질이
많고 지방이 적어 담백하며 알레르기의 위
험이 낮은 식품입니다. 우리 체내 조직과 주
요 물질을 구성하는 데 중요한 역할을 하는
황은 체내에서 황아미노산으로 흡수되는데
동태와 같은 단백질 식품에 풍부하게 들어
있습니다. 또한 간장의 해독작용과 혈액 속
HDL콜레스테롤(좋은 콜레스테롤) 함량을
증가시켜심·뇌혈관질환을 예방합니다.

PART

2

빠진 영양까지 채우자!

온 가족이 함께 먹는 국물요리

무 두붓국 _{3~4인분}

육수만 미리 준비되어 있다면 간단하게 끓일 수 있는
국이에요. 무는 기관지에 좋은 식재료이므로, 환절기
에는 무를 활용한 요리를 자주 해주는 게 좋아요.

무는 얇게 나박썰기하고, 두부는 깍둑썬다. 느타리버섯은 가늘게 찢고, 대파는 어슷 썰어서 준비한다.

느타리버섯 대신 다른 버섯을 사용해도 좋아요.

냄비에 들기름을 두르고 무를 넣어 고소한 향이 올라올 때까지 볶는다.

재료

- ☐ 무 1도막(150g)
- ☐ 두부 1/4모
- ☐ 느타리버섯 1/2줌
- ☐ 대파(10cm) 1개
- ☐ 들기름 1큰술
- ☐ 멸치다시마육수(P. 13) 4.5컵
- ☐ 새우젓 1작은술
- ☐ 소금 약간
- ☐ 다진 마늘 1작은술

멸치다시마육수를 붓고 5분간 끓이다가 무가 익으면 두부를 넣고 끓인다.

두부가 익어 떠오르면 느타리버섯을 넣고 한소끔 끓인다.

엄마표 제안

- 무는 가늘고 짧게 채 썰어도 좋아요.
- 새우젓은 국물만 넣는 것이 훨씬 깔끔해요. 만약 아이가 새우젓 향을 싫어한다면, 국간장과 소금으로만 간을 맞춰주세요.

새우젓과 소금으로 간을 한 후, 다진 마늘과 대파를 넣고 한 번 더 끓여 마무리한다.

임상영양사의 한 마디

무는 백혈구의 면역력을 높여주고 위세포의 독성 작용을 저해하며, 염증성 사이토카인의 생성을 억제하는 효과가 있습니다. 또 해열 작용을 도우며, 기침 등으로 목이 아플 때도 좋고, 무 속의 풍부한 식물성 섬유소는 장내의 노폐물을 청소해줍니다.

들깨 미역국 3~4인분

들깨 미역국은 기력이 쇠약해졌을 때 먹으면 기운이
나는 요리예요. 아이가 아프고 나면 얼굴이 핼쑥해지
고, 기운도 없죠. 이럴 때 들깨를 넣고 미역국을 끓여
주세요. 금방 활기를 되찾을 거예요.

01 분량 외의 찬물에 미역을 담가서 20분간 불린 다음 물기를 꽉 짜고 먹기 좋은 크기로 썬다.

02 소고기는 먹기 좋은 크기로 썰어 분량의 양념 재료에 재워둔다.

☐ 소고기(국거리용) 100g
☐ 마른 미역 15g
    (or 불린 미역 1줌)
☐ 들기름 1큰술
☐ 물 6컵
☐ 국간장 1큰술
☐ 들깨가루 2큰술
☐ 다진 마늘 1작은술
☐ 소금 약간

소고기 양념

☐ 간장 1작은술
☐ 참기름 1작은술
☐ 다진 마늘 1/2작은술

03 냄비에 들기름을 두르고 미역과 소고기를 넣어 미역이 투명해질 때까지 볶다가 물을 붓고 센불에서 끓인다.

물 대신 쌀뜨물을 넣으면 더욱 구수한 맛이 나요

04 국물이 끓기 시작하면 국간장을 넣고, 중불로 20분간 끓인다.

◦ 엄마표 제안 ◦

미역국은 시간을 두고 오래 끓일수록 맛있어지는 국이랍니다. 물의 양을 조금 더 넉넉하게 잡고 약불에서 오래 끓여도 좋아요.

05 불을 약불로 줄여 들깨가루와 다진 마늘을 넣고 부족한 간은 소금으로 맞춘 뒤, 5분간 더 끓여 마무리한다.

임상영양사의 한 마디

들깨에 들어있는 풍부한 오메가3지방산인 리놀렌산은 뇌신경을 촉진시켜 두뇌발달에 도움을 줍니다. 또한 들깨의 불용성 섬유소는 몸 속 불필요한 물질들을 흡착한 뒤 배출시켜 장운동을 활발하게 해 변비 해소에 도움을 줍니다.

홍합국 3~4인분

남편도 아이도 뜨끈한 국물을 먹고 싶어 하는 찬바람
부는 날, 홍합과 감자를 넣어서 시원한 국을 끓여봤어요.

홍합은 수염을 아래로 잡아당겨 떼어내고, 껍데기끼리 문지르며 깨끗이 씻는다.
💡 홍합은 별도로 해감하지 않아도 돼요.

냄비에 물과 손질한 홍합을 넣고 끓인다. 홍합이 벌어지면 약 5분간 더 끓인다.

감자는 껍질을 벗겨 은행잎썰기하고, 대파는 송송 썰어서 준비한다.
💡 감자 대신 무를 넣어도 좋아요.

홍합을 끓인 국물은 따로 담아두고, 살만 발라 준비한다.

냄비에 감자, 다진 마늘, 참기름을 넣고 감자가 투명해질 때까지 볶는다.
💡 감자를 볶아 끓이면 국물이 더 고소해져요.

● 엄마표 제안 ●

홍합은 10월에서 4월까지가 제철이에요. 4월 이후에는 알을 낳기 때문에 영양분이 떨어지고 맛이 없어 먹지 않는 게 좋아요.

4번에서 따로 담아둔 육수를 붓고 감자가 익으면 홍합살을 넣어 끓인다.

소금으로 간을 맞춘 후 대파를 넣고 한소끔 더 끓여 마무리한다. 홍합 육수가 짭조름하기 때문에 소금은 많이 넣지 않는 것이 좋다.

임상영양사의 한 마디

홍합의 프로비타민D는 칼슘과 인의 체내 흡수를 도와 아이의 뼈를 튼튼하게 하는 데 도움을 줍니다. 또한 철분이 풍부해 철분이 부족하기 쉬운 아이에게 좋은 식품이며, 불포화지방산인 오메가3지방산이 혈관을 깨끗하게 하고 두뇌 발달에 도움을 줍니다.

아욱국 <small>3~4인분</small>

아욱은 비타민과 무기질이 풍부해서 아이들 성장에
좋은 식재료예요. 씻는 게 살짝 번거롭긴 하지만 아이
건강을 생각한다면 안 만들어 줄 수가 없죠.

□ 아욱 200g(1단)
□ 멸치다시마육수(P. 13) 4컵
□ 된장 1.5큰술
□ 팽이버섯 1/3단
□ 대파(10cm) 1대
□ 다진 마늘 1작은술

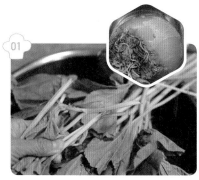

아욱은 잎만 떼어낸 후 분량 외의 굵은 소금을 넣고 손으로 주물러 녹색물이 나올 때까지 씻는다.

아욱과 팽이버섯을 2~3cm 길이로 썰고, 대파는 송송 썬다.

멸치다시마육수에 된장을 풀어 끓인다. 이때 체망을 이용해 된장을 풀어 넣으면 더욱 깔끔하게 만들 수 있다.

국물이 끓어오르면 아욱과 다진 마늘을 넣고 푹 끓인다.

• 엄마표 제안 •

• 1번 과정에서 아욱을 여러 번 반복해서 주물러야 풋내가 나지 않아요.
• 아욱은 끓일수록 맛이 더해지니 약불에서 오래 끓이는 것이 좋아요.
• 된장의 양은 염도에 따라 가감하세요.

된장의 깊은 맛이 나고 아욱이 푹 익으면 팽이버섯과 대파를 넣고 좀 더 끓여 마무리한다.

임상영양사의 한 마디

아욱에는 풍부한 비타민과 베타카로틴, 칼슘 등 체내에 유익한 여러 효능이 함유되어 있습니다. 특히 칼슘은 골격이 형성되고 있는 성장기 어린이의 성장·발육에 큰 도움을 줍니다.

오징어 배추 된장국 3~4인분

아이들 감기가 걱정되는 겨울철이나 환절기에 끓여보세요. 오징어로 맛을 낸 시원한 국물과 달큰한 배추가 어우러져 맛은 물론 영양과 건강까지 모두 챙길 수 있답니다.

01

오징어몸통을 세로로 3~4등분하고 1cm 폭으로 썬 다음 깨끗하게 헹궈 물기를 뺀다.

02

속배추는 길게 2등분한 뒤 채 썰고, 대파는 송송 썰어 준비한다.

재료

- ☐ 오징어몸통中 1마리
- ☐ 속배추 3장
- ☐ 대파(10cm) 1대
- ☐ 멸치다시마육수(P. 13) 4컵
- ☐ 된장 1.5큰술
- ☐ 다진 마늘 1작은술

03

냄비에 멸치다시마육수를 붓고 끓으면 된장을 푼 후, 속배추를 넣어 10분간 끓인다.

04

손질한 오징어를 넣고 중불로 끓인다.

· 엄마표 제안 ·

· 진한 갈색에 윤기가 나고, 살이 단단하면서 탄력 있는 오징어가 싱싱한 오징어예요.
· 배춧국은 배추에서 수분이 많이 나오기 때문에 처음부터 육수를 많이 넣지 않아도 돼요.

05

오징어가 익으면 다진 마늘과 대파를 넣고 한소끔 끓여 마무리한다.

임상영양사의 한 마디

오징어는 EPA, DHA와 같은 고도불포화지방산이 풍부하게 들어있는데 이는 각종 혈관 및 순환기 질병 예방은 물론 뇌기능을 증진시켜 기억력 향상에 도움이 됩니다. 또 오징어 표면의 흰가루는 타우린으로 지방의 흡수를 돕고 심장근육을 보호하며 시력을 좋게 합니다.

소고기 쑥국 3~4인분

봄이 되면 향긋한 쑥 향이 너무 좋아서 쑥을 활용한
음식을 많이 만드는데요. 아이들은 오히려 쑥 향기 때
문에 잘 안 먹더라고요. 그래서 쑥에 콩가루를 묻혀
향을 줄이는 대신 영양을 높이고, 소고기를 넣어 거부
감 없이 먹을 수 있도록 만들었어요.

- ☐ 소고기(국거리용) 100g
- ☐ 쑥 1줌(100g)
- ☐ 콩가루 2큰술
- ☐ 된장 1.5큰술
- ☐ 대파(5cm) 1대
- ☐ 물 5컵

소고기 밑간

- ☐ 국간장 1작은술
- ☐ 참기름 1작은술
- ☐ 다진 마늘 1/2작은술

소고기를 잘게 썰어 분량의 밑간 재료를 넣고 조물조물 버무린다.

쑥은 억센 줄기와 시든 잎을 제거한 후 여러 번 헹궈 물기를 빼고, 대파는 송송 썬다.

냄비에 소고기를 넣고 볶는다. 이때 소고기를 충분히 볶아야 육수가 맛있어진다.

소고기에 양념을 했기 때문에 센불에서 볶으면 탈 수 있어요.

물을 붓고 체망을 이용해 된장을 풀어 넣은 다음 육수가 우러나도록 10분간 끓인다.

소고기가 양지 부위라면 더 오래 끓여주세요.

.엄마표 제안.

- 쑥에 콩가루를 묻혔기 때문에 넣자마자 바로 저으면 국물이 지저분해지니 국물이 끓으면 저으세요.
- 콩가루 대신 들깨가루를 넣어도 좋아요.

육수가 끓는 동안 위생봉투에 쑥과 콩가루를 함께 넣고 흔들어 섞는다.

육수에 콩가루를 묻힌 쑥을 넣고 한소끔 끓인 후 대파를 넣어 마무리한다.

임상영양사의 한 마디

- 소고기는 필수아미노산을 풍부하게 가지고 있는 양질의 단백질원입니다. 특히 철분과 비타민B_2가 많아 몸을 따뜻하게 해주고 체력을 키워주는 데 좋습니다.
- 쑥도 역시 따뜻한 성질을 가지고 있는 식품으로 혈액순환에 좋고, 비타민A, C도 풍부해 면역력 증진에 효과적입니다.

소고기 양파국 3~4인분

푹 익은 양파의 달달한 맛 때문에 아이들이 좋아하는
국이에요. 육수가 잘 우러나도록 소고기와 양파를 충
분히 볶은 후에 물을 넣어주세요.

재료

- ☐ 소고기(국거리용) 100g
- ☐ 양파 1개
- ☐ 대파(10cm) 1대
- ☐ 들기름 1큰술
- ☐ 물 4.5컵
- ☐ 다시마(3×7cm) 2장
- ☐ 국간장 1작은술
- ☐ 소금 약간

소고기는 잘게 썰고 키친타월 위에 올려 핏물을 제거한다.

양파는 사방 1cm 크기로 썰고, 대파는 송송 썬다.

냄비에 들기름을 두른 후, 소고기를 넣고 볶다가 소고기가 익으면 양파를 넣어 1분간 더 볶는다.

물과 다시마를 넣고 중간에 생기는 거품을 걷어내면서 센불로 10분간 끓인다.

· 엄마표 제안 ·

어른용으로 국을 끓일 경우, 5번 과정에서 고춧가루를 넣어주세요.

다시마를 건져낸 후, 중약불로 줄이고 국간장을 넣어 10분간 더 끓인다.

부족한 간은 소금으로 맞춘 후, 대파를 넣고 한소끔 더 끓여 마무리한다.

임상영양사의 한 마디

양파에서 톡 쏘는 향이 나고, 익으면 달달해지는 이유는 알리신이라는 성분 때문입니다. 이는 소화액 분비를 도와 식욕을 증진시키고, 혈액을 맑게 해서 신진대사가 원활하도록 도움을 줍니다. 또한 피로 회복에 효과가 있는 비타민B$_1$의 흡수를 촉진하는데, 고기류와 함께 섭취하면 알리티아민이라는 활성비타민을 생성해 효과가 더욱 높아집니다.

조갯살 김칫국 3~4인분

김치를 잘 먹지 않는 아이를 위한 국이에요. 김치를 물에 하루 정도 담가 매운맛을 뺀 다음 국을 끓이면 아이가 김치를 조금 더 쉽게 접할 수 있어요. 여기에 김칫국물을 넣어 얼큰하게 끓이면 어른을 위한 요리가 돼요.

- ☐ 배추김치 1컵
- ☐ 조갯살(or 바지락살) 3/4컵
- ☐ 양파 1/4개
- ☐ 대파(10cm) 1대
- ☐ 들기름 1큰술
- ☐ 물 4컵
- ☐ 다시마(3×7cm) 2장
- ☐ 다진 마늘 1작은술
- ☐ 국간장 1작은술
- ☐ 소금 약간

01
배추김치는 속을 털어내고 물에 헹군 다음 작게 썰어 준비한다.

02
양파는 채 썰고, 대파는 송송 썬다. 조갯살은 분량 외의 소금물에 흔들어 헹군 뒤, 물기를 뺀다.

　조갯살의 크기가 크다면 잘게 썰어주세요.

03
냄비에 들기름을 두른 뒤, 양파와 김치를 넣고 양파가 투명해질 때까지 볶는다.

04
물과 다시마를 넣고 끓인다. 끓기 시작하면 중불로 줄여 5분간 더 끓이고 다시마는 건진다.

·엄마표 제안·

배추김치 대신 알배기 배추를 넣고 된장을 약간 풀어 넣어도 맛있는 국을 만들 수 있어요.

05
조갯살과 다진 마늘, 국간장을 넣는다.

　어른용 조갯살 김칫국을 만든다면 이때 김치국물을 함께 넣어주세요.

06
조갯살이 익으면 대파를 넣고 한소끔 더 끓인다. 부족한 간은 소금으로 맞춰 마무리한다.

임상영양사의 한 마디

조개는 기본적으로 저지방 저칼로리로 좋은 단백질원이며 필수아미노산이 골고루 들어있는 식품입니다. 조개의 당질은 아이가 쉽게 소화·흡수할 수 있는 글리코겐으로, 이는 조개 특유의 독특한 맛을 나게 하고, 간을 보호하며, 신체활동의 에너지원 역할을 합니다.

달걀국 2~3인분

만들기도 쉽고 아이들도 잘 먹는 달걀국이에요. 집에
마땅한 재료가 없을 때, 국 끓이기 고민인 날 딱 좋은
레시피랍니다.

재료

- 달걀 2개
- 다시마육수(P. 12) 2컵
- 양파小 1/2개
- 대파 1큰술
- 국간장 1작은술
- 소금 약간

01 달걀은 풀어서 체에 밭쳐 알끈을 제거한다. 양파는 은행잎썰기 하고, 파는 송송 썰어 준비한다.

02 냄비에 다시마육수를 붓고 육수가 끓기 시작하면 국간장과 양파를 넣어 1분간 끓인다.

03 풀어둔 달걀을 냄비에 둘러가며 넣는다.

04 부족한 간은 소금으로 맞추고 대파를 넣어 한소끔 더 끓인 후 마무리한다.

· 엄마표 제안 ·

육수에 달걀을 넣고 달걀이 익어 떠오를 때까지 기다린 후 저어야 국물이 깔끔해요.

임상영양사의 한 마디

달걀은 비타민A, B, 단백질, 칼륨, 인, 철분, 아연, 엽산이 균형 있게 들어있어 완전 식품이라고 불립니다. 또한 면역력을 향상시키고 항균 작용을 도와주는 역할을 합니다.

모시조개 콩나물국 3~4인분

모시조개와 콩나물을 넣어서 시원한 국물이 일품인
국이에요. 의외로 아이가 쫄깃한 조갯살을 좋아하더라
고요. 아이의 아침 국으로 좋고, 남편의 해장국으로도
딱! 이랍니다.

재료

모시조개를 해감용 소금물에 넣고 뚜껑을
덮어 최소 3시간 이상 해감한다.

해감한 모시조개는 껍데기끼리 문질러 깨
끗하게 씻고 물과 함께 냄비에 넣어 끓인
다. 5분 뒤 모시조개는 건져 살만 발라내
고 국물은 면포에 걸러 준비한다.

> 모시조개를 끓이는 과정에서 올라오는 기름은
> 걷어내주세요.

□ 모시조개 2컵(200g)
□ 물 5컵
□ 콩나물 1.5줌(150g)
□ 대파(10cm) 1대
□ 다진 마늘 1/2작은술
□ 소금 약간

해감용 소금물
□ 물 3컵
□ 소금 1큰술

콩나물은 손질해서 물에 헹군 다음 체에
밭치고, 대파는 송송 썰어 준비한다.

> 콩나물의 길이가 길면 2등분해도 좋아요.

2번에서 걸러낸 육수를 냄비에 넣고 끓어
오르면 콩나물과 다진 마늘을 넣어 5분간
끓인다.

• 엄마표 제안 •

• 모시조개 대신 바지락을
사용해도 좋아요.
• 모시조개는 3시간 정도 해
감하고, 해감한 모시조개
는 다시 한 번 잘 씻어 사
용해주세요. 아이가 먹을
음식이라 해감에 더욱 신
경 써야 해요.

모시조개 살과 대파를 넣고 소금으로 간
을 한 뒤, 한소끔 끓여 마무리한다.

임상영양사의 한 마디

콩나물 속 이소플라본은 칼
슘의 흡수율을 높여 뼈를 튼
튼하게 하고, 세로토닌과 같
은 호르몬의 생성을 도와줍
니다. 세로토닌은 혈관의 수
축과 응고 등 지혈 반응에 관
여하고, 혈관 속 지질을 개선
시키며, 염증 반응을 억제해
면역 기능을 향상시킵니다.

황태 뭇국 3~4인분

황탯국은 아빠의 해장국으로 좋은 메뉴죠. 하지만 황
태의 쫄깃하고 부드러운 식감은 아이도 아주 좋아한
답니다. 황태는 고단백질 식품이라 아이에게 좋아요.

01 황태채는 분량 외의 물에 잠깐 불린 뒤, 물기를 가볍게 짠 다음, 먹기 좋은 크기로 자르고 분량의 밑간 재료와 함께 버무린다.

02 무는 채 썰고, 대파는 송송 썬다. 달걀은 풀어서 준비한다.

재료

- ☐ 황태채 1컵
- ☐ 무 1도막(150g)
- ☐ 대파(10cm) 1대
- ☐ 달걀 1개
- ☐ 물 5컵
- ☐ 다시마(3×7cm) 2장
- ☐ 참기름 1작은술
- ☐ 소금 약간

황태채 밑간

- ☐ 국간장 1작은술
- ☐ 참기름 1작은술
- ☐ 다진 마늘 1/2작은술

03 냄비에 참기름을 두르고 불린 황태채를 살짝 볶은 뒤, 무를 넣고 중불에서 3분간 볶는다.

04 물과 다시마를 넣고 센불에서 끓인다. 물이 끓어오르면 불을 줄여 5분간 더 끓인 뒤, 다시마는 건져내고 무가 투명해질 때까지 조금 더 끓인다.

◦ 엄마표 제안 ◦

- • 3월이 제철인 황태는 빛이 누렇고, 살이 통통하며, 윤기가 흐르고, 연한 것이 좋아요.
- • 황태채는 물 1컵에 넣고 잠깐 불렸다가 바로 꺼내는 것이 좋아요. 황태채를 불린 물은 버리지 말고 국물에 넣어 사용하세요.

05 미리 풀어둔 달걀을 둘러가며 넣는다.

06 달걀이 익으면 가볍게 젓고, 대파를 넣은 다음 소금으로 간을 맞춰 마무리한다.

　　달걀이 익기 전에 저으면 국물이 탁해지니 반드시 익은 다음 저어주세요.

임상영양사의 한 마디

황태는 지방이 적고 단백질과 칼슘이 풍부한 식품이며, 두뇌 발달에 도움이 되는 트립토판이 함유되어 있습니다. 또한 메티오닌 성분이 있어 간에 지방이 쌓이는 것을 억제하고, 해독 작용을 하며, 노폐물을 제거하고, 손톱과 발톱의 영양 불균형을 예방해줍니다.

두부 굴국 **3~4인분**

바다의 우유라 불리는 굴은 단백질 함량이 우유보다
3배나 많아요. 또한 비타민, 무기질, 철분 등이 풍부해
서 아이의 뼈 건강에도 아주 좋은 식품이랍니다.

굴은 해감용 소금물에 흔들어 씻은 후 물기를 뺀다.

무는 얇게 나박썰고, 두부는 깍둑썰고, 대파는 송송 썰어 준비한다.

재료

- 굴 1컵
- 무 1도막
- 두부 1/4모
- 대파(10cm) 1대
- 멸치다시마육수(P. 13) 4.5컵
- 국간장 1작은술
- 다진 마늘 1작은술
- 소금 약간

해감용 소금물

- 물 2컵
- 소금 1작은술

냄비에 멸치다시마육수를 붓고 끓어오르면 무를 넣어 5분간 더 끓인 뒤, 국간장과 두부를 넣고 두부가 익을 때까지 끓인다.

기호에 따라 국간장 대신 새우젓으로 간을 해도 좋아요.

손질한 굴과 다진 마늘을 넣고 굴이 오그라들 때까지 끓인다.

• 엄마표 제안 •

굴은 마지막에 넣어야 향과 식감이 살아있어요. 하지만 아이가 굴의 강한 향을 싫어한다면 조금 더 오래 끓여주세요.

부족한 간은 소금으로 맞추고, 대파를 넣어 한소끔 끓여 마무리한다.

임상영양사의 한 마디

굴은 아연, 망간, 요오드, 구리 등 미네랄이 듬뿍 들어있는 식품으로 혈액을 만드는 데 도움을 줘 아이의 피부 혈색을 좋게 합니다. 또한 체내에서 합성되지 않아 필수로 섭취해야 하는 아미노산인 히스티딘이 풍부하게 들어있어 성장 촉진에 큰 도움이 됩니다.

감잣국 2~3인분

포슬포슬한 감자와 달큰한 양파를 참기름에 볶아 고소한 맛이 아주 잘 어울리는 감잣국입니다. 기본 국으로 아이들에게 인기 만점이랍니다.

- 감자小 2개
- 양파小 1/2개
- 참기름 1큰술
- 멸치다시마육수(P. 13) 3컵
- 다진 대파 1큰술
- 다진 마늘 1작은술
- 국간장 1작은술
- 소금 약간

감자와 양파는 1~1.5cm 두께로 은행잎썰기한다.

냄비를 중불에 올리고 참기름을 넣어 양파부터 볶다가 양파가 살짝 노릇해지면 감자를 넣고 참기름이 흡수되도록 3분간 볶는다.

멸치다시마육수를 부어 끓인다. 이때 중간중간 떠오르는 거품은 걷어낸다.

다진 대파와 다진 마늘, 국간장을 넣고 부족한 간은 소금으로 맞춘 다음, 한소끔 끓여 마무리한다.

• 엄마표 제안 •

감자는 익으면 쉽게 부서지니 너무 얇게 썰지 마세요.

임상영양사의 한 마디

감자는 비타민B, C, 아미노산 등이 함유되어 있으며, 풍부한 식이섬유와 펙틴이 장 운동을 활발하게 만들어 변비 예방에 효능이 있습니다.

건새우 봄동국 3~4인분

봄을 알리는 채소, 봄동에 건새우를 넣고 끓인 국이에
요. 제철 음식은 면역력 강화에 아주 좋으니 환절기인
봄에는 봄동을 활용한 요리를 많이 만들어주세요.

- 봄동 10장(1/4포기)
- 건새우 1/3컵
- 쌀뜨물 3.5컵
- 된장 1큰술
- 다진 마늘 1작은술
- 대파(10cm) 1대

봄동은 한 잎씩 떼어내 깨끗이 씻은 다음 2~3cm 길이로 썰고, 대파는 송송 썬다.

건새우는 머리를 떼어내고, 뾰족한 부분을 손질한 뒤 체에 가볍게 털어낸다.

냄비에 쌀뜨물과 건새우를 넣고 끓기 시작하면 체망을 이용해 된장을 풀어 넣는다.

국물이 끓어오르면 봄동과 다진 마늘을 넣은 뒤 봄동이 부드럽게 익을 때까지 끓인다.

• 엄마표 제안 •

새우의 뾰족한 부분에 상처가 생길 수 있으니 건새우는 반드시 손질해주세요. 만약 아이가 어리다면 새우를 잘라서 넣는 것도 좋아요.

송송 썬 대파를 넣고 한소끔 더 끓여 마무리한다.

임상영양사의 한 마디

건새우는 키토산이 함유된 껍데기까지 통째로 섭취할 수 있어 골다공증 예방에 좋으며 필수 아미노산, 메치오닌, 라이신 등의 성분이 함유되어 있어 성장기 어린이에게 좋은 식품입니다. 또한 빈혈과 스트레스 해소에도 좋습니다.

시래기 콩가루 된장국 3~4인분

시래기에 콩가루를 묻혀 된장국을 끓여보세요. 시래기의 부족한 단백질을 콩가루가 보충하면서 구수한 풍미가 살아나 온 가족 입맛을 사로잡는답니다.

재료

- ☐ 삶은 시래기 1줌(100g)
- ☐ 콩가루 3큰술
- ☐ 멸치다시마육수(P. 13) 4.5컵
- ☐ 무 1도막(150g)
- ☐ 된장 1.5큰술
- ☐ 다진 마늘 1작은술
- ☐ 대파(10cm) 1대

01

삶은 시래기는 2~3cm 길이로 썬 후 콩가루와 함께 버무린다.

시래기와 콩가루를 위생비닐에 넣고 흔들면 더 골고루 섞을 수 있어요

02

무는 3~4cm 길이로 채 썰고, 대파는 송송 썰어 준비한다.

03

냄비에 멸치다시마육수를 붓고 끓어오르면 된장을 푼 후, 무를 넣고 거품을 걷어내면서 센불로 끓인다.

04

국물이 끓어오르면 시래기를 넣고 약불로 줄여 은근하게 20분간 끓인다.

· 엄마표 제안 ·

시래기는 겨울에 부족해지기 쉬운 비타민을 보충해주는 재료예요. 시래기를 삶아 냉동실에 보관했다가 필요할 때마다 꺼내 사용하면 편리해요.

05

다진 마늘과 대파를 넣고 한소끔 끓여 마무리한다.

임상영양사의 한 마디

콩에는 성장과 소화를 도와주는 필수아미노산인 라이신과 루신이 있는데, 이 성분이 쌀에 부족한 영양소와 영양적 균형을 잡아주고 골격근 단백질 합성에 도움을 줍니다. 또한 불포화지방산인 리놀레산과 리놀렌산이 풍부하여 나쁜 콜레스테롤(LDL-콜레스테롤)의 증가를 막아줘 혈관 벽을 깨끗하게 하는 작용을 하기도 합니다.

새우완자탕 **2~3인분**

새우를 단백질, 비타민A, C가 풍부한 부추와 섞어 완
자로 만들었어요. 부드러운 완자를 탕국으로 끓이니
이것만 먹어도 속이 든든해요.

01 새우는 잘게 다져 준비하고, 두부는 칼의 옆면으로 곱게 으깬 후 물기를 짠다.

02 부추와 당근, 양파는 곱게 다진다.

재료

☐ 새우 10마리
☐ 두부 1/4모
☐ 다진 부추 1큰술
☐ 당근 1/6개
☐ 양파 1/4개
☐ 전분가루 1큰술
☐ 소금 1/2작은술
☐ 후추 약간
☐ 멸치다시마육수(P. 13) 3컵
☐ 국간장 1작은술
☐ 대파(5cm) 1대

03 볼에 1, 2번에서 손질한 재료들과 전분가루를 넣고 소금과 후추로 간을 맞춘 다음 끈기가 생기도록 잘 치대 반죽을 만든다.

· 엄마표 제안 ·

생새우를 사용할 경우 새우 등의 2번째와 3번째 마디 사이에 이쑤시개를 넣어서 내장을 빼고, 머리와 껍데기를 제거하여 손질해주세요. 이 과정이 번거롭다면 손질된 냉동 새우살을 사용해도 좋아요.

04 냄비에 멸치다시마육수를 붓고 끓어오르면, 숟가락을 이용해 반죽을 동그랗게 떠 넣어 완자를 만든다.

05 완자가 익어서 떠오르면, 국간장을 넣고 대파를 송송 썰어 올린 후 한소끔 더 끓여 마무리한다.

임상영양사의 한 마디

새우는 몸을 따뜻하게 해주며 뛰어난 강장효과를 보입니다. 또한 껍데기에는 키토산이 풍부해 체내에 필요 없는 물질을 제거하는 데 효과적입니다. 풍부한 비타민과 칼슘은 성장·발육에 도움을 주지만, 체질에 따라서 알레르기 반응을 보일 수 있기 때문에 주의가 필요합니다.

닭곰탕 3~4인분

날씨가 더워지면 쉽게 지쳐 보양식을 찾게 되는데요.
이때, 닭 한 마리를 통째로 넣은 닭곰탕을 끓여보세요.
뽀얗게 우러난 국물에 닭고기 살을 발라 넣어 맛도,
영양도 챙길 수 있어요.

재료

- 닭 1마리(600~700g)
- 무 1도막
- 대파(10cm) 1대
- 소금 약간

육수

- 양파 1개
- 대파 1대
- 마늘 5쪽
- 통후추 1/2큰술
- 생강 1쪽
- 물 5컵

닭고기 밑간

- 소금 약간
- 후추 약간

01 닭은 기름을 제거한 다음 분량 외의 끓는 물에 한 번 데쳐 잡내와 핏물을 제거한다.

02 냄비에 데친 닭과 분량의 육수 재료를 모두 넣고 센불로 끓인다. 물이 끓어오르면 중불로 줄이고 젓가락으로 찔렀을 때 핏물이 나오지 않을 정도로 약 30~40분간 끓인다.

03 무는 사방 2cm 크기로 나박썰기하고, 대파는 송송 썰어 준비한다.

04 삶은 닭은 껍질을 제거하고 살만 발라낸 후 소금과 후추로 밑간하고, 육수는 면포에 걸러 준비한다.

닭 육수가 식은 다음 면포에 내려야 기름을 깔끔하게 거를 수 있어요.

• 엄마표 제안 •

닭의 기름은 반드시 제거하고 데쳐야 깔끔한 닭곰탕을 만들 수 있어요. 볶음용으로 손질된 닭을 사용해도 좋아요.

05 냄비에 4번의 육수 2.5~3컵과 무를 넣고 끓인다. 육수가 끓기 시작하면 닭고기를 넣고 10분간 더 끓인다.

06 소금으로 간을 맞추고, 대파를 올려 한소끔 더 끓여 마무리한다.

임상영양사의 한 마디

닭고기는 기분을 좋게 하고 뇌에 안정을 주는 세로토닌과 도파민 등을 만드는 질 좋은 필수아미노산이 돼지고기와 소고기보다 더 많이 함유되어있습니다. 또한 닭고기는 맛이 담백하고 소화·흡수가 잘되며, 특히 위가 약한 아이에게 좋은 단백질 공급원이 됩니다.

백순두부탕 **2~3인분**

아이들을 위해 순두부탕을 맑게 끓여보았어요. 간단하
게 끓일 수 있으면서도 부드럽고 순해서 아이들이 아
플 때 영양식으로도 좋아요.

01 애호박과 양파는 채 썰고, 대파는 송송 썰어 준비한다.

02 냄비에 멸치다시마육수를 붓고 육수가 끓어오르면 애호박과 양파를 넣어 한소끔 끓인다.

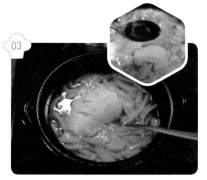

03 순두부를 넣고 숟가락으로 적당히 자른 후, 국간장을 넣어 3분간 더 끓인다.

04 대파를 넣고 소금으로 부족한 간을 맞춘 뒤 참기름을 넣어 마무리한다.

 재료

☐ 순두부 1/2팩
☐ 애호박 1/4개
☐ 양파小 1/2개
☐ 멸치다시마육수(P. 13) 2컵
☐ 대파(10cm) 1대
☐ 국간장 1큰술
☐ 소금 약간
☐ 참기름 1작은술

· 엄마표 제안 ·

순두부는 칼로 자르는 것보다 숟가락을 사용해 숭덩숭덩 자르는 것이 더 먹음직스러워 보여요.

임상영양사의 한 마디

순두부는 콩의 단백질을 가장 이상적으로 소화·흡수할 수 있는 식품입니다. 섬유질과 칼슘, 철분, 다량의 비타민E를 함유하고 있어 성장기 어린이의 단백질 보충에 아주 좋습니다.

갈비탕 가족과 함께

전처리부터 끓이는 동안까지 정성과 노력이 많이 들
어가지만 한 번 만들어 놓으면 온 가족 영양 보충으로
아주 좋은 갈비탕입니다.

☐ 소갈비(탕용) 700g
☐ 설탕 1큰술
☐ 물 1L
☐ 월계수잎 3장
☐ 청주 1/3컵

삶기 재료

☐ 물 3L
☐ 무(5cm) 1도막
☐ 양파 1/2개
☐ 대파 흰 부분(10cm) 2대
☐ 통마늘 5쪽
☐ 통후추 1작은술

갈비탕 양념

☐ 국간장
☐ 소금
☐ 후추

넉넉한 볼에 갈비가 잠길 정도로 분량 외의 물을 붓고 설탕을 넣어 2시간 동안 담가 핏물을 제거한다.

냄비에 핏물을 제거한 갈비와 물, 월계수잎, 청주를 넣고 물이 끓기 시작하면 5분간 삶는다.

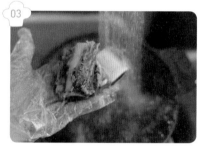

한 번 삶은 갈비를 흐르는 물에 깨끗하게 씻어서 불순물과 기름기를 제거한다.

갈비를 냄비에 넣고 분량의 삶기 재료를 모두 넣은 다음 센불로 20분, 중약불로 2시간 동안 끓인다.

삶기 재료의 양파와 무는 크게 2~3등분 정도만 잘라주세요.

2시간 20분 뒤 삶기 재료를 건지고 그대로 식힌다. 완전히 식힌 육수 위에 뜬 기름은 제거한다.

식힌 갈비탕은 먹기 전에 다시 끓이고, 취향에 따라 국간장과 소금, 후추를 넣어 간을 맞춰 마무리한다.

. 엄마표 제안 .

소갈비의 핏물을 잘 빼야 누린내가 나지 않아요. 핏물을 제거할 때는 물을 자주 갈아주는 것이 좋고, 이때 물에 설탕을 1큰술 넣으면 핏물이 더욱 잘 빠져요.

임상영양사의 한 마디

소고기는 단백질과 우리 신체에서 생성되지 않는 필수 아미노산이 많이 들어있고 비타민A, B₁, B₂ 등 아이의 성장에 필요한 영양소가 많이 함유되어 있습니다.

부추 두부 달걀탕 2~3인분

바쁜 아침에 간편하게 끓일 수 있는 국이에요. 특별한
재료가 필요하진 않지만 부드럽고 속이 편한 재료를
사용해 아침에 부담 없이 먹기 좋아요.

☐ 달걀 2개
☐ 두부 1/4모
☐ 다진 부추 3큰술
☐ 양파 1/4개
☐ 다시마육수(P. 12) 1.5컵
☐ 국간장 1작은술
☐ 소금 약간

01

달걀에 소금 한 꼬집을 넣고 가볍게 섞은
다음 체에 거른다.

02

부추와 양파는 다지고, 두부는 한입 크기
로 깍둑썬다.

03

체에 거른 달걀에 다진 부추를 섞는다.

부추를 달걀에 미리 섞어두어야 겉돌지 않고,
깔끔한 달걀탕을 만들 수 있어요.

04

냄비에 다시마육수를 붓고 보글보글 끓어
오르면 양파, 두부, 국간장을 넣는다.

• 엄마표 제안 •

다시마육수에 달걀을 넣고
바로 저으면 지저분해질 수
있으니 달걀이 익으면 가볍
게 저어주세요.

05

두부가 익어 동동 떠오르면 불을 줄이고
3번의 달걀+부추를 돌려가며 붓는다.

06

달걀이 익으면 부족한 간을 소금으로 맞
추고 마무리한다.

임상영양사의 한 마디

부추는 카로틴, 비타민B₂, C,
칼슘, 철 등의 영양소가 많
고, 그중 아릴 성분은 소화를
돕고 장을 튼튼하게 합니다.
또한 체내에 흡수되어 자율
신경을 자극해 에너지 대사
를 높여 몸을 따뜻하게 해
주고, 감기 예방에도 도움이
됩니다.

PART

3

간단하고 **맛있게!**

구하기 쉬운 식재료로 쉽고 맛있게 만드는 반찬

연근조림 냉장보관 7일

한번 만들어두면 든든한 밑반찬, 연근조림이에요.
쉬운 듯 보이지만 의외로 맛있게 만들기가 어려운데
요. 기본 과정에 신경 쓰며 만들어보세요.

재료

- ☐ 연근 1뿌리(손질 후 200g)
- ☐ 물 3컵
- ☐ 식초 1큰술
- ☐ 포도씨유 1큰술
- ☐ 올리고당 2큰술
- ☐ 참기름 1/2큰술
- ☐ 깨 1큰술

조림장

- ☐ 물 2컵
- ☐ 간장 3큰술
- ☐ 황설탕 1큰술
- ☐ 청주 1큰술

01 연근은 흐르는 물에 깨끗이 씻은 후 필러로 껍질을 제거하고 0.4~0.5cm 두께로 썰어 준비한다.

02 냄비에 물과 식초, 연근을 넣고 10분간 삶은 뒤 찬물에 헹궈 물기를 제거한다.

03 달군 프라이팬에 포도씨유를 두르고 물기를 제거한 연근을 넣어 1분간 볶는다.

04 분량의 조림장 재료를 모두 넣고 센불에서 2분간 끓인다.

05 약불로 줄이고 뚜껑을 덮어 30분간 끓이다가 조림장이 1/4로 졸면 올리고당을 넣고 다시 센불로 올린다.

06 조림장을 연근에 끼얹으며 조린다. 조림장이 2큰술 정도 남을 때까지 조리다가 참기름과 깨를 넣어 마무리한다.

·엄마표 제안·

- 연근을 삶을 때 식초를 넣으면 연근 특유의 떫은맛을 잡을 수 있어요.
- 연근을 조릴 때 센불에서 조리면 먹음직스러운 색이 된답니다.

임상영양사의 한 마디

연근에는 항산화기능과 기억증진효과가 있으며 비타민C가 많이 함유되어 있습니다. 연근의 끈적거리는 성질은 뮤신이라는 성분으로 강장작용을 하며, 땀을 많이 흘리는 아이에게 좋은 식재료입니다.

우엉볶음 냉장보관 7일

땅의 기운이 그대로 담긴 우엉은 식이섬유가 풍부한
식품이에요. 우엉을 채 썰어 볶아주면 아이가 잘 먹는
밑반찬이 된답니다.

01 우엉은 껍질을 제거하고 가늘게 채 썬다.

02 냄비에 물을 붓고 끓어오르면 식초를 넣은 다음, 우엉을 1분간 데치고 찬물에 헹궈 물기를 뺀다.

재료

☐ 우엉 1대(150g)
☐ 물 3컵
☐ 식초 1작은술
☐ 포도씨유 1큰술
☐ 간장 1큰술
☐ 조청 1큰술
☐ 참기름 1작은술
☐ 검은깨 약간

03 달군 프라이팬에 포도씨유를 두른 후, 데친 우엉을 넣어 숨이 죽을 때까지 볶다가 간장을 넣고 2~3분간 볶는다.

04 조청을 넣고 1분간 더 볶는다.

TIP 조청 대신 물엿이나 올리고당을 넣어도 좋아요.

• 엄마표 제안 •

조청은 곡물로 만든 우리 전통 감미료예요. 색이 진해서 요리의 색에 영향을 미치기도 하지만, 천연재료인 만큼 믿을 수 있고 볶음이나 조림 요리에 넣으면 감칠맛이 난답니다.

05 불을 끄고, 참기름과 검은깨를 넣고 잘 섞어 마무리한다.

임상영양사의 한 마디

우엉은 셀룰로오스, 리그닌 등의 불용성 식이섬유가 풍부해 장 운동을 활발하게 하고, 장 내의 나쁜 물질들을 배설시키는 데 도움을 줍니다. 우엉은 육류나 생선과 잘 어울리는데, 특히 닭고기와 함께 요리하면 누린내를 잡아주면서 고소한 맛을 냅니다.

어묵 콩나물볶음 2~3인분

콩나물을 무치는 대신 어묵과 함께 볶았더니 아이가
참 잘 먹더라고요. 이렇게 같은 식재료라도 조리방법
에 변화를 주면 새로운 반찬이 만들어진답니다.

콩나물은 뿌리의 지저분한 부분을 가볍게 손질하고 흐르는 물에 씻은 후, 체에 밭친다.
사각어묵은 5cm×1cm 정도 크기로 썰어 끓는 물에 데친 뒤, 물기를 뺀다.

재료

☐ 콩나물 1줌
☐ 사각어묵 1장
☐ 포도씨유 1큰술
☐ 물 2큰술
☐ 쪽파 1줄기
☐ 참기름 1작은술

양념장

☐ 간장 1큰술
☐ 다진 마늘 1/2작은술
☐ 설탕 1작은술
+ 양념은 미리 섞어두세요.

달군 프라이팬에 포도씨유를 두른 다음,
어묵을 넣고 1분간 볶는다.

콩나물을 넣고 물을 1큰술씩 두 번에 나눠
넣으며 볶는다.

•엄마표 제안•

어묵은 첨가물이 많기 때문에 조리하기 전에 반드시 끓는 물에 한 번 데쳐주세요.

콩나물의 숨이 죽으면 양념장을 넣고, 센
불에서 재빨리 섞으며 볶는다.

송송 썬 쪽파와 참기름을 넣어 가볍게 버무
려 마무리한다.

임상영양사의 한 마디

어묵은 이소플라빈이 풍부한 콩나물 같은 채소나 다른 재료와 요리해서 영양의 균형을 맞춰야 합니다. 양파나 여러 색깔의 파프리카를 함께 넣어주면 맛과 영양을 더 살릴 수 있고, 항산화성분도 함께 섭취할 수 있습니다.

멸치볶음 <small>냉장보관 7일</small>

아이가 멸치볶음을 좋아해서 끼니때마다 꼭 챙기고
있어요. 멸치의 수분을 날려서 비린내를 잡아주고, 중
약불로 타지 않게 잘 볶으면 맛있는 멸치볶음을 만들
수 있답니다.

01 잔멸치를 체에 담아 흐르는 물에 씻은 후, 물기를 제거한다.

TIP 멸치를 한 번 씻으면 불순물도 빠지고, 짠맛도 줄일 수 있어요.

02 마른 프라이팬에 멸치를 넣고 수분이 날아가도록 볶은 후, 그릇에 덜어둔다. 이때 수분을 잘 날려야 비린내도 덜 나고 바삭한 식감이 된다.

03 달군 프라이팬에 포도씨유를 넉넉하게 두르고 볶은 멸치를 넣어 중약불에서 타지 않고 바삭해질 때까지 볶는다.

04 노릇노릇해진 멸치에 올리고당을 넣고 재빨리 섞어준 후 불을 끈다.

· 엄마표 제안 ·

완성된 멸치볶음은 바로 용기에 담지 않고 넓은 그릇에 펼쳐 한 김 식힌 후 담아주세요. 이렇게 해야 멸치가 뭉치지 않고, 더욱 바삭하답니다.

05 통깨를 넣어 마무리한다.

임상영양사의 한 마디

큰 멸치의 경우 손질하지 않고 요리하면 아이가 거부감을 보일 수 있으니 꼭 내장과 불순물을 제거하고 살짝 볶아 잡내를 없애야 합니다. 멸치에는 잘 알려져 있는 칼슘 이외에 EPA, DHA도 다량 함유되어 있어 아이의 지능 발달에 도움이 됩니다.

김무침 3~4인분

늘늘해진 김으로 만들 수 있는 반찬이에요. 눅눅한 김
을 어떻게 처리할까 고민했다면 이렇게 온 가족이 먹
을 수 있는 밑반찬을 만들어보세요.

재료

☐ 김 10장
☐ 참기름 1큰술
☐ 통깨 1/2작은술

양념장

☐ 간장 1큰술
☐ 올리고당 1큰술
☐ 맛술 1큰술
☐ 물 1큰술
☐ 다진 대파 1큰술
☐ 다진 마늘 1작은술

01 눅눅해진 김을 바삭하게 구워 위생비닐에 넣고, 무침을 할 때 뭉치지 않도록 골고루 부순다.

02 김에 참기름을 넣고 버무린다. 이렇게 참기름에 미리 버무리면 양념이 잘 버무려질 뿐만 아니라 훨씬 고소해진다.

03 분량의 양념장 재료를 잘 섞어 준비한다.

04 김에 양념장을 넣고 버무린 뒤, 통깨를 뿌려 마무리한다.

• 엄마표 제안 •

김 대신 파래를 넣고 만들어도 맛있는 반찬이 돼요.

임상영양사의 한 마디

김 특유의 맛과 향은 식욕을 돋우기 때문에 입맛이 없는 아이가 먹기 좋은 식품입니다. 김은 열량이 낮고 단백질은 많으며 일반 채소와 과일 못지않게 무기질과 비타민이 매우 풍부하게 들어있습니다. 김 속 베타카로틴은 세포와 체액의 면역력을 증진시키고, 다른 해조류와 마찬가지로 식이섬유가 풍부하기 때문에 자주 섭취해도 장에 무리를 주지 않습니다.

애느타리 깨소스무침 2~3인분

간장에 검은깨를 곱게 갈아 넣어 고소하게 만든 소스
에 느타리버섯을 무쳐보았어요. 특유의 향 때문에 버
섯을 먹지 않는 아이들에게 아주 좋은 반찬될 거예요.

느타리버섯은 밑동을 제거한 후 가닥가닥 찢어서 준비한다.

물에 소금을 넣고 끓이다가 물이 끓어오르면 손질한 느타리버섯을 넣어 가볍게 데친다. 데친 버섯은 찬물에 헹궈준 후 물기를 꽉 짠다.

볼에 분량의 깨소스 재료를 모두 넣고 골고루 섞는다.

물기를 제거한 버섯을 3번의 깨소스에 넣고 골고루 버무려 마무리한다.

재료

- ☐ 애느타리버섯 1/2팩(약 100g)
- ☐ 물 2컵
- ☐ 소금 1/2작은술

깨소스

- ☐ 간 검은깨 3/4큰술
- ☐ 간장 1작은술
- ☐ 설탕 1/2작은술
- ☐ 참기름 1작은술
- ☐ 다진 마늘 1/2작은술

• 엄마표 제안 •

아이가 어리다면 깨소스에 들어가는 다진 마늘은 빼고 만들어도 좋아요.

임상영양사의 한 마디

느타리버섯의 노란색에는 항산화물질인 폴리페놀과 염증을 완화시키는 역할을 하는 베타글루칸 함량이 매우 높습니다. 또한 환경호르몬, 중금속 등을 고농도로 흡착하는 특성이 있어 유해물질을 제거하여 암의 원인을 없애는 역할을 하고 성장·발육 촉진 및 뼈 건강과 면역시스템을 향상시키기도 합니다.

콩나물무침 2~3인분

가격도 착하면서 가장 대중적인 반찬을 꼽으라면 단연 콩나물무침이 아닐까 싶어요. 일반적인 콩나물무침에 통깨를 갈아 넣어 고소한 맛을 살려봤어요.

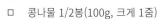

냄비에 물을 붓고 손질한 콩나물과 소금을 넣은 다음 뚜껑을 덮어 센불에서 3분간 익힌다. 3분 뒤 불을 끄고 다시 3분간 뜸을 들인다.

`TIP` 콩나물은 뿌리의 지저분한 부분을 제거해 미리 손질해주세요.

삶은 콩나물은 그 상태 그대로 체에 밭쳐 넓게 펼쳐서 한 김 식힌다.

`TIP` 찬물에 헹구지 마세요.

통깨를 그라인더로 갈아준 다음 나머지 재료들과 섞어 양념장을 만든다.

볼에 한 김 식힌 콩나물과 양념장을 넣고 골고루 무쳐 마무리한다.

·엄마표 제안·

- • 통깨는 그냥 넣는 것보다 갈아서 넣으면 더욱 고소해져요.
- • 아이가 크면 양념장에 고춧가루를 살짝 넣어 매운 맛에 익숙해지게 하는 것도 좋아요.

임상영양사의 한 마디

콩나물에는 비타민A, C, 칼슘, 철, 인 등 우리 몸에 유익한 성분들이 다량 함유되어 있으며 눈 건강과 빈혈 예방에 도움을 줍니다.

숙주나물무침 2~3인분

아이들이 의외로 좋아하는 반찬 중 하나가 바로 숙주
나물무침이에요. 부드러운 식감 때문인지 아이가 먼저
만들어달라고 하는 인기 반찬이랍니다.

☐ 숙주나물 150g(크게 1줌)
☐ 물 2.5컵
☐ 소금 1/2작은술

양념

☐ 소금 1/2작은술
☐ 다진 마늘 1/3작은술
☐ 참기름 1작은술
☐ 통깨 1작은술
☐ 다진 파 1큰술

냄비에 물과 소금을 넣고 물이 끓으면 손질한 숙주나물을 넣는다.

숙주나물을 넣고 끓으면 한 번 뒤적여준 뒤, 숨이 죽을 정도로 약 2분간 데친다.

데친 숙주나물은 찬물에 헹군 뒤 물기를 제거한다.

분량의 양념 재료를 모두 넣고 버무려 마무리한다.

· 엄마표 제안 ·

숙주나물은 물에 담가 머리 껍질과 속이 빈 줄기, 잔뿌리 등을 제거한 다음 흐르는 물에 깨끗이 씻어주세요.

임상영양사의 한 마디

숙주나물에는 눈 건강에 도움을 주는 비타민A, B, C 등이 풍부하며 특히 단백질 대사에 관여하는 비타민B$_6$가 풍부해 면역 기능을 강화시켜줍니다. 또한 중금속이 체내에 쌓이는 것을 막아주는 효능이 있습니다.

가지전 3~4인분

노릇노릇하게 구운 가지는 부드러우면서도 쫄깃한 식
감 때문에 가지를 안 먹던 아이들도 맛있게 먹을 수
있어요. 아이들은 가지의 맛 그대로, 엄마 아빠는 양념
장과 곁들여 맛있게 드세요.

가지는 깨끗이 씻은 뒤 0.5cm 두께로 썬다. 이때 어른용은 어슷썰기, 아이들은 동그랗게 썬다.

가지에 밀가루를 가볍게 묻힌다.

TIP 위생비닐에 밀가루와 가지를 넣고 흔들면 쉽고 골고루 묻힐 수 있어요.

재료

- 가지 2개
  (어른용 1개, 아이용 1개)
- 밀가루 1/2컵
- 달걀 2개
- 소금 1/3작은술
- 참기름 1작은술
- 포도씨유 약간

양념장

- 간장 2큰술
- 올리고당 1큰술
- 고춧가루 1/2큰술
- 다진 마늘 1/2큰술
- 참기름 1큰술
- 통깨 1/2큰술

볼에 달걀을 풀어 알끈을 제거하고 소금과 참기름을 넣어 섞은 다음 밀가루를 묻힌 가지를 넣어 달걀옷을 입힌다.

달군 프라이팬에 포도씨유를 두르고 달걀옷을 입힌 가지를 앞뒤로 노릇하게 구워 마무리한다.

TIP 엄마 아빠가 함께 먹을 경우 분량의 양념장 재료를 모두 섞어 곁들이세요.

·엄마표 제안·

- 달걀에 참기름을 넣으면 달걀 비린내를 잡을 수 있어요.
- 가지에 달걀옷을 입히기 전에 밀가루를 가볍게 털어주세요.

임상영양사의 한 마디

가지는 93%의 수분과 단백질, 칼슘, 인, 비타민A, C 등이 함유되어 있습니다. 가지의 안토시아닌은 지방질을 잘 흡수하고 혈관 안의 노폐물을 용해하여 배설시키는 성질이 있어 피를 맑게 해주고 빈혈 예방에도 좋습니다.

뱅어포 깻잎볶음 **3~4인분**

뱅어포는 칼슘이 우유의 9배나 많이 들어있고, 비타민과 단백질이 매우 풍부한 음식이에요. 뱅어는 몸이 투명해서 '백어'라고 불리기도 했는데요. 뱅어포를 자세히 살펴보면 투명한 막 같은 것을 확인할 수 있어요.

재료

- ☐ 뱅어포 2장
- ☐ 깻잎 10장
- ☐ 포도씨유 1.5큰술
- ☐ 참기름 1/2작은술
- ☐ 통깨 1작은술

양념장

- ☐ 간장 1/2큰술
- ☐ 청주 1큰술
- ☐ 올리고당 1큰술

뱅어포는 사방 2cm 크기로 자르고, 깻잎은 돌돌 말아 채 썬다. 양념장은 분량의 재료를 모두 섞어서 준비한다.

잘라둔 뱅어포에 포도씨유 1/2큰술을 넣고 가볍게 섞는다.

ⓣⓘⓟ 뱅어포에 미리 포도씨유를 바른 후 볶으면, 뱅어포가 타는 것을 방지할 수 있어요.

달군 프라이팬에 포도씨유 1큰술을 두른 후, 뱅어포를 넣고 약불에서 노릇하게 볶는다.

채 썬 깻잎과 양념장을 넣고 볶는다.

•엄마표 제안•

- • 뱅어포는 쉽게 타므로 불 조절에 특히 신경을 써주세요.
- • 최대한 약불에서 볶다가 마지막에 센불에서 살짝 볶아주면 바삭한 식감과 윤기를 낼 수 있어요.

마지막에 센불로 잠시 조리다가 불을 끈 후, 참기름과 통깨를 넣어 마무리한다.

ⓣⓘⓟ 아이가 어리다면 통깨를 갈아서 넣어도 좋아요.

임상영양사의 한 마디

뱅어포는 100g 당 982mg의 고밀도 칼슘이 들어있어 아이의 골격 성장뿐만 아니라, 뼈를 두껍고 튼튼하게 만들어줍니다. 또한 핵산도 100g 당 2,000mg으로 무척 풍부해 항산화작용과 신진대사를 원활하게 해주며, 핵산 성분 중 아데노신은 혈류 장애 개선과 소화력 증진에 도움이 됩니다.

미니 새송이버섯볶음 3~4인분

아이에게 새송이버섯과 미니 새송이버섯을 보여주면
서 크기를 비교하는 놀이를 했더니, 아기 버섯이라며
즐거워하더라고요. 이처럼 놀이를 통해 아이가 음식을
친근하게 느낄 수 있도록 도와주세요.

재료

- 미니 새송이버섯 2컵
- 참기름 1작은술
- 통깨 약간

양념장

- 다시마(3×7cm) 1장
- 간장 1.5큰술
- 다진 마늘 1/2작은술
- 올리고당 1큰술
- 물 1/2컵

미니 새송이버섯에 가볍게 물을 뿌려 먼지를 닦아내듯 세척한다.

크기가 큰 버섯은 아이들이 먹기 좋게 2~3등분으로 잘라주세요.

미니 새송이버섯에 분량의 양념장 재료를 모두 넣고 섞어 약 10분간 재운다.

2번의 버섯과 양념장을 프라이팬에 전부 넣고 센불에서 끓이다가 다시마를 건져낸다.

약불로 줄이고 국물이 2~3큰술 정도 남을 때까지 조린다.

엄마표 제안

- 큰 새송이버섯을 작게 잘라 조리해도 좋아요.
- 건진 다시마는 채 썰어서 함께 먹어도 맛있어요.

센불로 다시 올려서 수분을 날리고 참기름과 통깨를 뿌려서 마무리한다.

임상영양사의 한 마디

버섯은 일반적으로 저열량이며, 항바이러스와 콜레스테롤 저하의 효과가 있기 때문에 고기를 먹을 때 함께 먹으면 좋습니다. 새송이버섯은 느타리버섯의 일종으로 알레르기를 억제하고 피부 미용에 효과가 있습니다.

애호박 소고기볶음 3~4인분

부드러운 애호박과 영양 가득 소고기를 볶아 아이들이
잘 먹는 반찬을 만들었어요. 간단하게 만들 수 있어 좋
고, 밥에 올려 덮밥으로 먹을 수 있어서 더 좋아요.

① 애호박은 0.5cm 간격으로 채 썬 다음 소금을 넣어 10분간 절여둔다.

TIP 애호박을 미리 소금에 절이면, 볶는 과정에서 수분이 덜 생겨요.

② 절인 애호박을 키친타월 위에 올려 가볍게 두드리며 물기를 제거한다.

재료

- ☐ 애호박 1개
- ☐ 다진 소고기 100g
- ☐ 소금 1/2작은술
- ☐ 포도씨유 1큰술
- ☐ 통깨 약간

소고기 양념

- ☐ 간장 1/2큰술
- ☐ 설탕 1작은술
- ☐ 참기름 1작은술
- ☐ 다진 마늘 1/2작은술

③ 분량의 소고기 양념 재료를 섞어 양념장을 만든 후, 다진 소고기를 넣고 재운다.

④ 달군 프라이팬에 포도씨유 1/2큰술을 두르고 양념에 재운 소고기를 센불에서 볶아 따로 담아둔다.

· 엄마표 제안 ·

소고기를 볶다가 애호박을 그대로 넣어 볶아도 되지만 따로 볶아서 합치면 더욱 깔끔해요.

⑤ 프라이팬을 한 번 닦고 다시 달군 뒤, 포도씨유 1/2큰술을 둘러 애호박을 볶는다. 그다음 볶은 소고기를 넣어 1분간 함께 볶다가 깨를 뿌려 마무리한다.

임상영양사의 한 마디

호박은 풍부한 당질과 비타민A, C가 주성분으로 소화흡수가 잘 돼 소화기관이 약한 아이에게 좋은 식품입니다. 또한 다량 함유되어 있는 베타카로틴은 면역 기능을 항진시키고 심장과 혈관 기능을 향상시킵니다. 그 외 칼슘, 칼륨, 인 등의 무기질도 함유하고 있으며 호박씨에 들어있는 레시틴은 뇌지질을 구성하고 신경세포를 생성해 학습 능력 향상에 도움을 줍니다.

오이 베이컨볶음 3~4인분

오이는 특유의 향 때문에 싫어하는 아이가 많은데요.
이럴 때 아이가 좋아하는 햄이나 베이컨 등과 함께 볶
아 반찬을 만들면, 언제 오이를 안 먹었나 싶을 정도
로 잘 먹는답니다.

01 오이는 분량 외의 굵은 소금으로 겉면을 박박 문질러 닦은 후 0.3cm 두께의 반달 모양으로 자른다.

02 오이에 소금을 넣고 물기가 나올 때까지 절인다. 이때 중간중간 젓가락으로 뒤적이며 섞어준다.

03 오이에 물기가 생기면 면포로 꽉 짜 물기를 제거한다.

04 베이컨은 뜨거운 물에 살짝 데쳐 1cm 간격으로 썬다.

05 달군 프라이팬에 포도씨유를 두르고 베이컨을 넣은 뒤, 1분간 볶는다.

TIP 베이컨에서 기름이 나오기 때문에 포도씨유는 많이 두르지 않아도 괜찮아요.

06 절인 오이를 넣고 색이 선명해질 때까지 볶은 후 검은깨를 넣어 마무리한다.

재료

- 오이 1개
- 베이컨 2장
- 소금 1/2작은술
- 포도씨유 1작은술
- 검은깨 약간

· 엄마표 제안 ·

남은 오이는 신문지로 싸서 냉장실에 넣으면, 일주일 정도 보관이 가능해요.

임상영양사의 한 마디

오이는 칼로리가 적고, 비타민과 수분이 풍부한 건강 채소로 갈증 해소와 열을 진정시키는 효능이 있지만 몸을 차게 만들기 때문에 위장이 약한 아이는 많이 섭취하지 않는 것이 좋습니다. 오이 속 칼륨은 몸 안의 노폐물이 잘 배출되도록 돕는 역할을 하고, 특유의 향과 맛은 소화액 분비를 증가시켜 소화가 잘되게 합니다.

우유 달걀찜 2~3인분

달걀찜에 물 대신 우유를 넣고 중탕으로 만들어 봤어
요. 우유의 고소함과 부드러움이 더해진 반찬으로 아
이가 목감기에 걸려서 음식 삼키는 것을 힘들어할 때
해주면 좋아요.

□ 달걀 3개
□ 우유 1컵
□ 다진 새우젓 1작은술
□ 다진 부추(or 쪽파) 1~2큰술

01 달걀을 풀어 체에 거른다.

02 새우젓과 부추는 다져서 준비한다.

TIP 새우젓으로 간을 맞추면 달걀의 비린내를 잡을 수 있어요. 다진 새우젓 대신 새우젓 국물만 넣어도 좋아요.

03 체에 거른 달걀에 우유와 다진 새우젓을 넣고 섞는다.

04 중탕 용기에 3번의 달걀물과 다진 부추를 넣은 후, 김 오른 찜기에서 10분간 쪄서 마무리한다.

· 엄마표 제안 ·

• 뚜껑이나 호일로 찜 용기를 덮은 채 중불에서 끓이면, 표면이 매끄러운 달걀찜이 완성돼요.
• 너무 오래 찌면 달걀이 부드럽지 않으니 중간에 젓가락으로 한 번 찌르고 달걀이 묻어나오지 않는다면 불을 끄고 2~3분간 뜸 들인 후 그릇을 꺼내주세요.

임상영양사의 한 마디

철분이 풍부한 우유와 레시틴이 들어있는 달걀을 함께 조리하면 영양소 섭취에 일석이조의 효과를 얻을 수 있습니다. 우유를 마시면 배탈이 나는 아이는 우유 대신 치즈를 넣어 소화·흡수를 원활하게 해줍니다.

청포묵무침 3~4인분

물컹거리는 식감 때문에 아이가 묵을 싫어할 거라고
생각했는데, 묵과 김, 달걀을 함께 무쳐 만들어주었더
니 너무 잘 먹어서 깜짝 놀랐어요.

재료

- ☐ 청포묵 1팩(300g)
- ☐ 물 2컵
- ☐ 구운 김 1장
- ☐ 달걀 1개
- ☐ 소금 약간
- ☐ 포도씨유 약간

양념장

- ☐ 간장 1작은술
- ☐ 참기름 1큰술
- ☐ 통깨 1작은술

청포묵은 1cm×2cm 크기로 썰고, 달걀은 소금을 약간 넣은 후 푼다.

냄비에 물을 붓고 끓어오르면 썰어둔 청포묵을 넣어 묵이 투명해질 때까지 데친 후 찬물에 가볍게 헹군다.

구운 김을 위생봉투에 넣어서 부순다.

달군 프라이팬에 포도씨유를 두르고 달걀지단을 부친 뒤, 묵보다 가늘게 채 썰어 준비한다.

 달걀지단은 완전히 식힌 다음에 썰어야 모양이 부서지지 않고 깔끔하게 자를 수 있어요.

• 엄마표 제안 •

청포묵은 녹두를 갈아서 체에 거른 앙금으로 만들었는데요. 묵은 데치면 쫄깃한 식감이 더해져요.

데친 묵, 구운 김, 달걀지단, 양념장 재료를 모두 넣은 후, 묵이 부서지지 않도록 살살 버무려 마무리한다. 만약 간이 부족하다면 분량 외의 소금을 살짝 넣는다.

임상영양사의 한 마디

청포묵은 수분 함량이 높고, 열량이 적어 부담 없이 먹을 수 있는 식재료입니다. 청포묵에는 류신과 라이신과 같은 필수아미노산이 풍부해 아이의 성장·발육에 도움이 되고, 식이섬유가 풍부해 변비 예방에도 좋습니다.

메추리알 돼지고기 장조림 냉장보관 7일

장조림은 흔한 반찬으로 손쉽게 만들 수 있을 것처럼
보여도, 은근히 맛있게 만들기 어려운 요리예요. 레시피
대로 차근차근 따라해 맛있는 장조림을 만들어보세요.

01

돼지고기는 기름을 제거하고 찬물에 30분 간 담가 핏물을 뺀 후, 3cm 간격으로 썬다.

02

냄비에 메추리알이 잠길 정도로 물을 붓고 식초와 소금을 넣어 물이 끓기 시작하면 7분간 더 삶은 후 찬물에 담가 껍데기를 제거한다.

재료

- □ 돼지고기(안심) 300g
- □ 물 5컵
- □ 마늘 5쪽
- □ 통후추 1/2큰술
- □ 대파 흰 부분 1대
- □ 메추리알 30개
- □ 식초 약간
- □ 소금 약간

양념장

- □ 돼지고기 삶은 육수 3컵
- □ 간장 7큰술
- □ 설탕 2.5큰술
- □ 청주 1큰술
- □ 맛술 1큰술

03

냄비에 물을 붓고 끓어오르면 1번의 돼지고기, 마늘, 통후추, 대파를 넣어 중불로 20분간 삶은 뒤 체에 밭친다.

TIP 돼지고기는 미리 한 번 삶은 후, 조려야 질겨지지 않아요.

04

삶은 돼지고기는 결대로 찢어 준비한다.

• 엄마표 제안 •

보통 고기로 육수를 내는 경우, 육즙이 우러날 수 있도록 찬물에 넣고 함께 끓이는데요. 장조림처럼 고기를 요리에 사용하는 경우, 물이 끓을 때 넣어야 한다는 점 잊지 마세요.

05

삶은 돼지고기와 분량의 양념장 재료를 모두 넣어 센불에서 끓이고, 양념장이 끓으면 중약불로 줄여서 조린다.

06

국물의 1/3이 줄면, 2번의 메추리알을 넣어 국물이 1/3만 남을 때까지 조려 마무리한다.

임상영양사의 한 마디

성장기 어린이에게 좋은 메추리알은 단백질과 아미노산, 지방 섭취에 효과적이며 달걀보다 비타민B군의 함유량이 3~12배 정도 많습니다. 또한 노른자에는 루테인 성분이 풍부해 시력 보호에 도움이 됩니다.

세발나물전 3~4인분

갯벌의 염분을 먹고 자라서 갯나물이라고도 불리는
세발나물은 봄이 제철이긴 하지만 요즘은 마트에서
겨울부터 흔하게 볼 수 있어요. 세발나물에 새우를 넣
어 전을 만들면 입 안에 봄이 가득해진답니다.

재료

세발나물은 지저분한 잎과 흙을 털어낸 후 물에 가볍게 헹군다.

냉동 새우살은 해동시킨 다음 청주를 뿌려서 10분간 둔다. 청주가 새우의 비린내를 잡아준다.

- 세발나물 50g
- 냉동 새우살 1/2컵
- 청주 1큰술
- 당근 1/6개
- 밀가루 1/2컵
- 달걀 1개
- 물 1/2컵
- 소금 1/3작은술
- 후추 약간
- 포도씨유 약간

세발나물은 잘게 자르고, 새우살은 다진다. 당근은 짧고 얇게 채 썬다.

자른 세발나물, 새우살, 당근과 밀가루, 달걀, 물, 소금, 후추를 넣고 골고루 섞는다.

• 엄마표 제안 •

세발나물은 나물 자체에 짠 맛이 있어서 간을 세게 하지 않아도 돼요. 만약 밀가루 대신 부침가루를 넣을 경우엔 소금과 후추는 안 넣어도 좋아요.

달군 프라이팬에 포도씨유를 두르고 4번의 반죽을 1큰술씩 떠 올린 다음 앞뒤로 노릇하게 구워 마무리한다.

임상영양사의 한 마디

세발나물에 풍부한 마그네슘은 체내에 쌓여있는 찌꺼기와 독소를 배출시켜 혈액을 맑게 해주는 효능이 있습니다. 이와 더불어 항염증 효능은 물론, 식이섬유가 풍부하여 변비 예방에도 좋습니다.

소고기전 2~3인분

얇은 소고기에 달걀옷을 입혀서 구우면 밥도둑이 따
로 없는 반찬이 됩니다. 씹을수록 고소한 맛이 아주
일품이에요.

- 소고기 100g
  (육전용 or 홍두깨살)
- 소금 1/3작은술
- 후추 약간
- 밀가루 3큰술
- 달걀 2개
- 포도씨유 2~3큰술

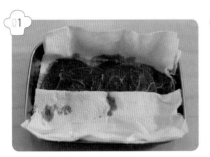

육전용으로 얇게 뜬 소고기는 키친타월 위에 올려 핏물을 제거한다.

핏물을 뺀 소고기를 넓게 펼친 다음 소금과 후추로 밑간한다.

밑간한 소고기의 앞뒤에 밀가루를 묻힌다. 이때 밀가루를 묻히고 톡톡 두드리며 털어내고, 또다시 밀가루를 묻히고 털어내 얇고 골고루 묻힌다.

볼에 달걀을 풀어서 알끈을 제거하고, 밀가루를 묻힌 소고기를 넣어 달걀옷을 입힌다.

• 엄마표 제안 •

• 소고기는 핏물을 잘 빼야 누린내가 나지 않아요.
• 소고기전을 부칠 때는 달군 프라이팬에 올려 30초, 뒤집어서 30초, 다시 뒤집어서 20초간 구워 마무리하세요.

달군 프라이팬에 포도씨유를 두르고 달걀옷을 입힌 소고기를 하나씩 올려 노릇하게 구워 마무리한다.

임상영양사의 한 마디

소고기에는 양질의 동물성 단백질과 비타민A, B_1, B_2, 셀레늄, 아연, 철분 등 각종 영양분이 다량 함유되어 있습니다. 특히 필수아미노산이 골고루 들어있어 아이들의 신체 발달과 영양 보충에 정말 좋은 식품입니다.

비트 감자채볶음 2~3인분

일반적인 감자볶음에 비트를 넣었더니 색이 너무나 예쁜 반찬이 되었어요. 이렇게 기본적인 반찬에 새로운 식재료를 추가해 아이에게 다양한 음식을 맛보여 주세요.

01

감자와 비트는 껍질을 제거하고 채 썬다. 양파도 비슷한 두께로 채 썬다.

TIP 비트는 감자보다 조금 얇게 썰어주세요.

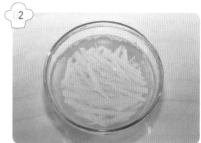

02

채 썬 감자는 소금물에 10분간 담갔다가 물에 헹군 뒤 물기를 잘 제거한다.

03

프라이팬에 포도씨유를 두르고 양파를 넣어 30초간 볶다가 감자와 비트를 넣고 2분간 더 볶는다.

04

프라이팬에 물을 붓고 뚜껑을 덮어 약불에서 3분간 익힌다. 이때 중간에 팬의 손잡이를 잡고 한번씩 흔들어 섞어준다.

05

뚜껑을 열어 중불로 올린 뒤 소금으로 간을 맞추고 수분이 날아갈 때까지 볶는다. 마지막으로 통깨를 넣어 마무리한다.

재료

- 감자中 1개
- 비트 1/8개
- 양파小 1/2개
- 포도씨유 1큰술
- 물 1큰술
- 소금 1/4작은술
- 통깨 약간

소금물

- 물 1컵
- 소금 1/3작은술

· 엄마표 제안 ·

채 썬 감자를 소금물에 담가두면 전분기가 빠져나가면서 감자가 좀 더 단단해져 깔끔한 감자볶음을 만들 수 있어요.

임상영양사의 한 마디

감자는 비타민B와 미네랄 같은 영양소가 풍부하며, 열을 내려주는 성질이 있어 열독 해소에 좋습니다. 또한 비타민C와 칼륨이 많아 나트륨을 몸 밖으로 배출시키는 데에도 뛰어난 효과를 보입니다.

오징어 동그랑땡 2~3인분

마트에 갔다가 아이에게 시식용 해물 동그랑땡을 주었는데 무척 맛있게 먹더라고요. 그래서 직접 만들었습니다. 아이가 먹어보더니 마트에서 먹었던 것보다 더 맛있다며 엄지손가락을 내밀었어요.

오징어몸통을 손질해 잘게 다진다.

TIP 오징어의 절반을 곱게 갈아서 넣으면 더욱 부드럽게 만들 수 있어요.

깻잎과 양파, 당근을 잘게 다진다.

- ☐ 오징어몸통中 1마리
- ☐ 깻잎 2장
- ☐ 양파 1/4개
- ☐ 당근 1/6개
- ☐ 밀가루 2큰술
- ☐ 달걀 1개
- ☐ 소금 1/2작은술
- ☐ 후추 약간
- ☐ 포도씨유 적당량

볼에 오징어와 다진 채소, 밀가루, 달걀, 소금, 후추를 넣고 섞어 반죽을 만든다.

중불로 달군 프라이팬에 포도씨유를 두르고 반죽을 한 숟가락씩 올려 앞뒤로 노릇하게 구워 마무리한다.

•엄마표 제안•

오징어는 살짝 얼어 있는 상태일 때 썰거나 다지면 손쉽게 손질할 수 있어요.

임상영양사의 한 마디

• 시중에 파는 동그랑땡은 각종 조미료와 나트륨의 함량이 높기 때문에 집에서 직접 만들어 염분을 낮춰주는 게 좋습니다.
• 오징어는 타우린이 풍부해 피로 회복에 도움이 되고, 인슐린 분비를 촉진해 체내 영양소의 활용을 높여줍니다.

두부 섭산적 2~3인분

섭산적은 다진 소고기에 으깬 두부를 섞어 석쇠에 굽는 우리나라 전통 음식이에요. 반죽을 한입 크기로 만들거나, 넓적하게 만들어서 프라이팬에 구운 후 먹기 좋은 크기로 잘라도 좋아요.

다진 소고기는 키친타월 위에 올려 누린
내가 나지 않도록 핏물을 제거한다.

두부는 칼등으로 으깬 뒤 면포에 넣고 짜
서 물기를 제거한다.

TIP 두부의 물기를 잘 제거해야 밀가루를 넣지
않아도 모양이 흐트러지지 않아요.

재료

- ☐ 다진 소고기 150g
- ☐ 두부 1/4모
- ☐ 포도씨유 2큰술

양념장

- ☐ 간장 1작은술
- ☐ 설탕 1/2작은술
- ☐ 소금 1/2작은술
- ☐ 다진 파 1작은술
- ☐ 다진 마늘 1작은술
- ☐ 청주 1작은술
- ☐ 후추 약간
- ☐ 깨소금 1작은술

선택 재료

- ☐ 잣가루

핏물을 제거한 소고기와 으깬 두부, 분량
의 양념장 재료를 모두 넣고 섞은 다음 찰
기가 생기도록 치댄다.

반죽을 사각형 모양으로 만들고 칼등으로
두들기며 칼집을 낸다.

TIP 한입 크기로 동그랗게 빚어도 좋아요.

• 엄마표 제안 •

잣가루를 만들 때, 잣을 키
친타월 위에 올려 다지면 튀
지 않아요.

달군 프라이팬에 포도씨유를 두르고 중불에서 굽는다. 산적이 노릇해지면 약불로 줄이
고, 뒤집어서 뚜껑을 덮은 채로 속까지 익혀 마무리한다. 기호에 따라 잣가루를 올린다.

임상영양사의 한 마디

소고기는 단백질의 좋은 급
원식품으로 미오신, 액틴과
같은 근원섬유상 단백질이
50%를 차지합니다. 무기질
중에서도 특히 철분의 좋은
공급원으로 성장기 어린이
와 유아의 이유식을 만들 때
좋으며, 소고기에 포함되어
있는 헴철은 시금치 등 채소
에 포함되어 있는 비 헴철에
비하여 약 10배 정도 체내
흡수가 잘됩니다.

감자 옥수수전 2~3인분

쫀득한 식감에 톡톡 터지는 옥수수와 고소하면서도
담백한 감자를 갈아 넣어 맛을 더한 전이에요. 한입
크기로 만들면 아이 반찬이나 간식으로 좋답니다.

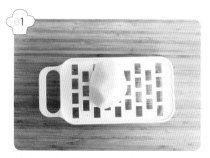

01 감자는 깨끗이 씻어 껍질을 벗긴 후 강판에 갈고 소금을 넣어 섞는다.

02 통조림옥수수는 뜨거운 물에 헹군 후 물기를 빼고, 파프리카는 잘게 다진다.

03 볼에 간 감자, 옥수수, 파프리카, 밀가루, 후추를 넣고 골고루 섞어 반죽을 만든다. 이때 밀가루 양은 농도에 따라 가감한다.

04 달군 프라이팬에 포도씨유를 두르고 반죽을 올려 노릇하게 부쳐 마무리한다.

재료

- ☐ 감자 1개
- ☐ 소금 1/3작은술
- ☐ 통조림옥수수 3큰술
- ☐ 빨강 파프리카 1/8개
- ☐ 노랑 파프리카 1/8개
- ☐ 밀가루 1~2큰술
- ☐ 후추 약간
- ☐ 포도씨유 적당량

• 엄마표 제안 •

- 통조림옥수수 대신 삶은 옥수수의 알을 떼어 넣어도 좋아요.
- 감자에 소금 간을 했기 때문에 따로 간을 하지 않아도 돼요.

임상영양사의 한 마디

감자의 비타민C는 갈아서 기름에 부쳐도 파괴되지 않습니다. 때문에 환절기 감기 예방을 위한 반찬으로 좋으며, 밥 대용으로 먹어도 될 만큼 탄수화물이 풍부하게 들어있습니다. 전 이외에 수프로 만들면 아이의 가벼운 한 끼 식사로 좋답니다.

두부조림 2~3인분

두부를 들기름에 볶아 고소한 맛을 극대화시켰어요.
반찬으로 먹어도 좋고, 잘게 잘라 밥 위에 올리면 덮
밥으로도 아주 맛있답니다.

01
두부는 1cm 두께로 썰어 앞뒤에 소금을 약간 뿌리고, 5분 뒤 키친타월 위에 올려 물기를 제거한다.

TIP 두부에 미리 소금을 뿌리면 밑간도 되고 두부가 단단해져서 부치기 편해요.

02
양파는 다지고, 쪽파는 송송 썬다. 조림장은 분량의 재료를 모두 넣어 섞어 미리 준비한다. 만약 다시마육수가 없다면 물을 넣어도 된다.

재료
- ☐ 두부 1/2모
- ☐ 양파 1/2개
- ☐ 쪽파 1줄기
- ☐ 소금 1/4작은술
- ☐ 들기름 1큰술

조림장
- ☐ 다시마육수(P. 12) 1/2컵
- ☐ 간장 2큰술
- ☐ 설탕 1작은술
- ☐ 다진 마늘 1작은술
- ☐ 통깨 1작은술

03
프라이팬에 들기름을 두르고, 두부를 앞뒤로 노릇하게 구워 접시에 담는다.

TIP 조림을 할 때는 두부가 노릇해질 때까지 구워야 잘 부서지지 않아요.

04
프라이팬의 남은 기름에 양파를 살짝 볶는다. 이때 들기름의 양이 부족하다면 1/2큰술 정도 더 넣고 볶는다.

엄마표 제안

- 국물이 없는 두부조림을 만들고 싶다면, 마지막 과정에서 센불로 끓여 수분을 날려주세요.
- 쪽파 대신 대파를 잘게 썰어서 올려도 돼요.

05
볶은 양파의 2/3를 냄비 바닥에 깔고 그 위에 구운 두부를 올린 후, 남은 양파를 올린다. 여기에 조림장을 붓고 뚜껑을 덮어 센불로 조린다.

06
센불에서 조림장이 끓어오르면 중불로 줄여 5분간 끓인다. 쪽파를 올리고, 약불로 3분간 더 조린 뒤 마무리한다.

임상영양사의 한 마디

성장·발육에 좋은 단백질원인 두부는 조림뿐만 아니라 으깨 먹거나 체에 내리는 등 여러 형태로 활용해 먹을 수 있습니다. 두부는 콩의 영양성분 대부분이 파괴되지 않았기 때문에 식물성 단백질을 섭취하기 좋으며 소화·흡수도 잘됩니다.

삼치강정 2~3인분

삼치는 고등어보다 수분이 많고 살이 부드러워서 아이들이 먹기 좋은 생선이죠. 특히 오메가3가 많이 들어있어 뇌세포 생성에 도움을 준답니다.

재료

- ☐ 삼치 1/2마리
- ☐ 청주 1큰술
- ☐ 소금 약간
- ☐ 후추 약간
- ☐ 전분가루 3큰술
- ☐ 포도씨유 3~4큰술

양념

- ☐ 물 3큰술
- ☐ 간장 1큰술
- ☐ 올리고당 1큰술
- ☐ 설탕 1/2큰술
- ☐ 다진 마늘 1작은술

01 삼치는 뼈를 발라내고 한입 크기로 썬 다음 청주와 소금, 후추를 뿌려 약 10분간 재워 밑간한다.

02 밑간한 삼치의 물기를 제거한 다음, 위생봉투에 삼치와 전분가루를 넣고 흔들어 튀김옷을 입힌다. 이때 여분의 가루는 반드시 털어낸다.

03 달군 프라이팬에 포도씨유를 넉넉하게 두르고, 삼치를 바삭하게 굽는다.

> **TIP** 처음 삼치를 팬에 올릴 때 삼치의 껍질 부분이 프라이팬 바닥에 닿도록 올린 후 익히면 모양이 망가지지 않아요.

04 삼치를 꺼내고 프라이팬을 한 번 닦은 뒤, 분량의 양념 재료를 모두 넣고 중약불로 끓인다.

・엄마표 제안・

- 손질한 삼치는 키친타월로 물기를 잘 제거해야 바삭한 식감을 낼 수 있어요.
- 구운 삼치를 키친타월 위에 올려두면 기름이 빠져 담백해져요.

05 양념이 바글바글 끓기 시작하면 불을 줄이고 구운 삼치를 넣어 양손으로 재빨리 섞어 마무리한다.

임상영양사의 한 마디

삼치는 등푸른 생선으로 성장기 아이에게 좋습니다. 만약 아이가 생선 비린내에 민감하다면 우유에 잠깐 담가두는 것이 좋은데, 콜로이드 용액인 우유는 비린내를 흡착하기 때문입니다. 또한 레몬즙이나 식초 등을 첨가하면 산이 비린내 성분인 트리메틸아민과 결합하여 비린내 감소는 물론 음식에 향미를 높일 수 있습니다.

연어 양배추볶음 2~3인분

연어는 특유의 비린 맛 때문에 안 좋아하는 아이들이 많아요. 하지만 짭조름한 간장 양념과 달큰한 양배추를 함께 볶으면 단짠의 매력에 연어를 맛있게 먹을 수 있답니다.

01

연어를 적당한 크기로 썰어준 후 소금과 후추를 뿌려 10분간 밑간한다.

🔲 연어는 익히면 크기가 줄어드니 감안해서 자르세요.

02

양배추는 깨끗이 씻어서 1cm×2cm 정도 크기로 썰어준다.

재료

- ☐ 연어(구이용) 100g
- ☐ 소금 1/2작은술
- ☐ 후추 약간
- ☐ 양배추 2장(1/2통 기준)
- ☐ 포도씨유 1.5큰술
- ☐ 참기름 1작은술

양념장

- ☐ 물 3큰술
- ☐ 간장 3/4큰술
- ☐ 청주 1큰술
- ☐ 올리고당 1/2큰술

03

볼에 분량의 양념장 재료를 모두 섞어 준비한다.

04

달군 프라이팬에 포도씨유 1/2큰술을 두르고 밑간한 연어를 앞뒤로 노릇노릇하게 구워 덜어둔다.

엄마표 제안

- 냉동 연어를 사용할 경우 해동한 다음 물기를 제거하고 밑간하세요.
- 연어를 구울 때는 연어에서 기름이 많이 나오기 때문에 포도씨유는 살짝만 둘러주는 게 좋아요.

05

프라이팬을 닦고 다시 포도씨유 1큰술을 두른 다음, 양배추를 넣어 30초간 볶다가 양념장을 붓고 1분간 더 볶는다.

06

4번에서 구워둔 연어를 넣고 30초간 뒤적이며 볶은 후 참기름을 넣어 마무리한다.

임상영양사의 한 마디

- 오메가3가 풍부한 연어는 스트레스를 완화하고 기분을 상승시켜주는 신경전달물질인 도파민과 세로토닌의 분비를 촉진하는 효과가 있습니다.
- 양배추는 베타카로틴, 비타민C, 섬유질이 풍부하며 몸에 해로운 과산화지질과 유해산소 등을 억제하는 데 도움을 줍니다.

닭고기 숙주볶음 2~3인분

닭고기를 담백하게 데친 후 숙주나물과 함께 볶아보
았어요. 평소 숙주나물을 안 먹는 아이들도 고기와 함
께 볶아주면 잘 먹는답니다.

01

닭안심은 힘줄을 제거한 다음 우유에 10분 정도 담가두었다가 헹군다.

TIP 닭안심 대신 닭가슴살을 사용해도 좋아요.

02

숙주나물은 지저분한 머리와 뿌리를 제거해서 씻어두고, 양파와 파프리카는 채 썰어둔다. 분량의 양념은 모두 섞어서 준비한다.

재료

☐ 닭안심 3~4쪽(100g)
☐ 우유 1/2컵
☐ 숙주나물 1/2줌(70g)
☐ 양파 1/4개
☐ 파프리카 1/4개
☐ 물 2컵
☐ 포도씨유 1큰술
☐ 참기름 약간
☐ 통깨 약간

양념
☐ 간장 1큰술
☐ 올리고당 1/2작은술
☐ 후추 약간

03

냄비에 물을 붓고 끓어오르면 1번의 닭안심을 넣어 3분간 데친다.

04

데친 닭안심은 먹기 좋은 크기로 잘게 찢는다.

• 엄마표 제안 •

• 닭안심의 힘줄은 조리 후 질겨질 수 있으니 반드시 제거해주세요.
• 닭고기를 우유에 재워두면 닭 특유의 비린내를 없앨 수 있어요.

05

프라이팬에 포도씨유를 두르고 양파를 넣고 30초, 파프리카와 닭안심을 넣고 30초, 숙주나물과 양념을 넣고 1분간 볶는다. 마지막으로 참기름과 통깨를 넣어 마무리한다.

임상영양사의 한 마디

닭고기에는 양질의 단백질이 풍부하여 근육 성장과 신체 발달에 효과적이며, 두뇌 성장과 활동 작용에도 큰 도움이 되기 때문에 성장하는 아이들에게 영양보충식품으로 좋습니다.

전복초 2인분

궁중 보양식인 전복초는 전복을 얇게 저민 후, 조림장
에 조려 달콤하고 짭조름한 맛이 특징이에요. 전복의
쫄깃한 식감을 살려 조리해주세요.

 01

내장과 이빨을 제거한 전복을 0.5cm 간격으로 썬다. 마늘은 편썰기하고, 대파는 흰 부분만 준비한다.

TIP 전복은 떼어낸 쪽이 위로 향하도록 두고 약간 비스듬하게 썰어주세요.

02

프라이팬에 분량의 조림장 재료를 모두 넣고 센불에서 끓인 후, 전복과 마늘, 대파를 넣는다.

03

조림장이 다시 끓어오르면, 약불로 줄여 국물이 1큰술 정도 남을 때까지 조리다가 올리고당을 넣는다.

04

다시 센불로 올려서 1분간 조린 후, 참기름을 넣어 마무리한다.

TIP 불 조절에 신경 써야 윤기 나는 전복초를 만들 수 있어요.

재료

- 전복 2마리
- 마늘 1쪽
- 대파(3cm) 1대
- 올리고당 1/2큰술
- 참기름 1작은술

조림장

- 물 1/2컵
- 간장 1큰술
- 설탕 1/2큰술
- 청주 1큰술

· 엄마표 제안 ·

- 전복은 내장에 영양분이 많이 포함되어 있으니 남은 내장으로 전복죽(P.58)을 끓여주세요.
- 고명으로 잣을 다져 올려도 좋아요.

임상영양사의 한 마디

저지방, 고단백 식품인 전복은 해조류를 먹기 때문에 영양이 아주 풍부합니다. 글루탐산과 글리신 성분이 단맛과 감칠맛을 주고, 다른 식품보다 아르기닌이 많아서 성장기 어린이와 허약한 아이에게 좋습니다.

어린이 깍두기 냉장보관 20일

아직 매운맛에 익숙하지 않은 아이를 위해 고춧가루
를 조금 넣어 덜 맵게 만든 깍두기예요. 자극적이지
않아서 아이가 김치를 친숙하게 느낄 수 있을 거예요.

무는 껍질을 제거하고 사방 1cm 크기로 깍둑썰어 준비한다.

자른 무에 굵은 소금과 매실청을 넣고 1시간가량 절인 후, 체에 밭쳐 물기를 뺀다.

재료

- ☐ 무 1개(1kg)
- ☐ 굵은 소금 1큰술
- ☐ 매실청 1큰술

찹쌀풀
- ☐ 찹쌀가루 1큰술
- ☐ 물 1/2컵

양념
- ☐ 고운 고춧가루 1큰술
- ☐ 양파 1/2개
- ☐ 사과 1/2개
- ☐ 설탕 1큰술
- ☐ 멸치액젓 1큰술
- ☐ 마늘 2쪽

찹쌀가루에 물을 넣고 약불에서 가장자리가 끓어오를 때까지 뭉치지 않도록 잘 저으며 끓여 찹쌀풀을 만든다. 완성된 찹쌀풀은 한 김 식혀둔다.

푸드프로세서나 믹서에 분량의 양념 재료를 모두 넣고 갈아준 후, 찹쌀풀에 넣어 섞는다.

> **· 엄마표 제안 ·**
>
> 양념 재료에 사과 대신 배를 넣어도 되고, 멸치액젓 대신 새우젓 국물을 넣어도 좋아요.

절인 무에 4번의 양념을 넣고 버무려 마무리한다. 깍두기는 실온에 하루 동안 익힌 후, 냉장 보관한다.

> **임상영양사의 한 마디**
>
> 김치는 발효되면서 유산균(젖산균)이 풍부하게 생성돼 소화를 돕고 장을 깨끗하게 해주는 좋은 식품입니다. 또한 다양한 재료가 들어간 양념은 아이의 면역력 증진에 도움을 줘 몸을 튼튼하게 만들고, 각종 비타민과 칼슘, 철, 인 등 다양한 무기질이 서로 상호작용하여 체내 대사를 활발하게 만들어줍니다.

사과 무생채 3~4인분

사과와 무를 함께 넣어 아삭하고 달콤한 생채예요. 아직 김치를 못 먹는 아이들도 사과 무생채의 새콤달콤한 맛에 반해서 잘 먹는답니다.

무는 껍질을 벗긴 후, 곱게 채 썬 다음 소금을 넣어 물기가 생길 때까지 절인다.

무는 아이의 연령에 따라 길이와 두께를 조절해주세요.

사과는 껍질째 식초물에 담갔다가 깨끗이 닦은 뒤, 무와 비슷한 크기로 채 썬다.

사과는 식초물 대신 베이킹소다를 푼 물에 씻어도 좋아요.

재료

☐ 무 1도막(200g)
☐ 소금 1/2작은술
☐ 사과 1/2개
☐ 고운 고춧가루 1작은술
☐ 설탕 1작은술
☐ 다진 마늘 1/2작은술
☐ 식초 1작은술
☐ 통깨 1작은술

식초물

☐ 물 : 식초 = 10 : 1
　　+ 분량은 상관없어요.
　　　비율에 맞게 준비하세요.

절인 무는 물기를 짜고 고운 고춧가루와 설탕, 다진 마늘을 넣고 버무린다.

고춧가루의 양은 아이의 연령에 따라 가감해주세요.

사과를 넣고 식초와 통깨를 넣어 가볍게 섞어서 마무리한다.

·엄마표 제안·

• 사과껍질에는 섬유질은 물론, 비타민C도 풍부해서 껍질째 먹으면 좋아요.
• 껍질에 묻은 농약이 걱정된다면, 식초나 베이킹소다를 푼 물에 담가뒀다가 비벼가면서 씻어주세요.

임상영양사의 한 마디

사과의 당분은 주로 과당과 포도당이며 주된 유기산은 사과산입니다. 사과산은 식욕을 돋우고, 신경을 안정시켜 집중력 향상에 도움을 줍니다. 또한 사과에는 혈압을 낮추는 칼륨이 많고, 수용성 식이섬유인 펙틴은 장 속 유해물질을 줄이고 배변을 촉진시키는 역할을 합니다.

파프리카 오이김치

아이가 아직 고춧가루를 먹지 못한다면, 파프리카로
색을 낸 김치를 만들어주세요. 빨간색에 대한 두려움
을 줄이고, 아삭한 오이김치와 친근해질 수 있는 계기
가 된답니다.

오이는 분량 외의 굵은 소금으로 겉면을 박박 문질러 씻은 다음 2cm 두께로 썰고 십자(十)로 4등분한다.

오이에 굵은 소금을 넣어 20분간 절이고 물기를 제거한다.

재료

- □ 오이 2개
- □ 굵은 소금 1/2큰술
- □ 부추 4줄기
- □ 찹쌀풀 3큰술

찹쌀풀

- □ 찹쌀가루 1큰술
- □ 물 1/2컵

양념

- □ 빨간 파프리카 1/2개
- □ 멸치액젓 1큰술
- □ 매실액 1큰술
- □ 다진 마늘 1작은술

부추는 흐르는 물에 깨끗이 씻은 후, 잘게 썬다.

찹쌀가루에 물을 넣고 약불에서 가장자리가 끓어오를 때까지 뭉치지 않도록 잘 저으며 끓여 찹쌀풀을 만든다. 완성된 찹쌀풀은 한 김 식혀둔다.

· 엄마표 제안 ·

- 아이가 멸치액젓 특유의 비린 맛을 싫어한다면 소금을 넣어주세요.
- 색을 더욱 곱게 내고 싶다면 양념에 파프리카가루를 넣어도 좋아요.

푸드프로세서나 믹서에 분량의 양념 재료를 모두 넣고 갈아준 후, 찹쌀풀을 넣어 섞는다.

5번의 양념에 절인 오이를 넣어 버무린 후 부추를 넣고 가볍게 섞어 마무리한다. 오이 김치는 실온에 하루 정도 두었다가 냉장 보관한다.

TIP 부추는 처음부터 섞으면 풋내가 날 수 있으므로, 마지막에 넣어 가볍게 섞어주세요.

임상영양사의 한 마디

파프리카는 수분이 많아 갈증 해소에 좋고 단맛이 나는 건강 채소입니다. 파프리카의 비타민C는 몸에 해로운 활성 산소를 제거해 면역력을 증진시키고, 베타카로틴은 눈의 망막과 상피세포를 재생시키는 기능을 합니다. 생 것(흡수율 8%)보다는 살짝 볶아 먹는(흡수율 60~70%) 것이 더 좋습니다.

물김치 냉장보관 15일

아이들이 김치와 쉽게 친해질 수 있도록 순하게 만들어보았어요. 과일을 갈아 넣어 단맛은 물론 건강까지 챙길 수 있답니다. 이제는 김치도 맛있다는 것을 알려주세요.

재료

- ☐ 알배추 1/2포기
- ☐ 무 1/3개
- ☐ 천일염 2큰술
- ☐ 배 1/2개
- ☐ 쪽파 3~4줄기
- ☐ 당근 1/3개

국물A

- ☐ 배 1/2개
- ☐ 사과 1/2개
- ☐ 양파 1/2개
- ☐ 마늘 3쪽
- ☐ 물 1/2컵

국물B

- ☐ 물 5컵
- ☐ 소금 1~2작은술
- ☐ 매실청 2큰술

배추와 무를 한입 크기로 썬 다음, 천일염을 넣고 1시간 동안 절인다.

절인 배추와 무는 깨끗한 물에 살짝 씻은 다음 체에 밭쳐 물기를 제거한다.

배는 무와 비슷한 크기로 썰고, 쪽파는 2cm 길이로 썬다. 당근은 예쁘게 모양 내 자른다.

푸드프로세서나 믹서에 국물A의 재료를 모두 넣고 간 다음 체에 내린다.

 무를 같이 넣고 갈아도 좋아요.

· 엄마표 제안 ·

당근과 같이 단단한 채소를 모양틀을 이용해 다양한 모양으로 자르면, 보기에도 좋고 아이들의 흥미도 유발할 수 있어요.

체에 내린 국물A에 분량의 국물B 재료를 넣고 섞는다. 이때 소금의 양은 아이의 연령에 따라 조절한다.

통에 2번과 3번 재료를 넣고, 5번의 국물을 넣어 마무리한다. 물김치는 실온에 1~2일 정도 두었다가 냉장 보관한다.

임상영양사의 한 마디

배추는 칼륨과 칼슘, 인, 베타카로틴, 비타민C 등을 함유하고 있습니다. 또한 부드러운 식이섬유소가 풍부하여 장 운동을 촉진시켜 배변 활동에 도움을 줍니다.

취나물 마요네즈 된장무침 3~4인분

아이가 취나물을 잘 먹지 않아서, 된장과 마요네즈로
부드러운 소스를 만들어 나물의 풋내를 중화시켰어
요. 아이가 나물과 조금 더 친해질 수 있도록 만든 레
시피예요.

- 취나물 1줌
- 물 5컵
- 소금 1/2작은술

양념
- 된장 3/4큰술
- 마요네즈 1큰술
- 설탕 1작은술
- 깨소금 1작은술

01 취나물은 억센 줄기와 시든 잎을 떼어내고 헹군다. 냄비에 물과 소금을 넣고 끓어오르면 취나물이 부드러워지도록 2분간 데친다.

02 데친 취나물을 찬물에 헹궈 2~3cm 길이로 자른다.

03 볼에 분량의 양념 재료를 넣고 섞는다.

TIP 마요네즈 대신 플레인요거트를 넣어도 좋아요.

04 데친 취나물에 양념을 버무려 마무리한다.

· 엄마표 제안 ·

건취나물로 조리할 경우 찬물에 충분히 불린 후 데쳐주세요.

임상영양사의 한 마디

취나물은 사포닌을 다량 함유하고 있어 면역력을 높여주고 섬유질이 풍부해 변비 예방에 도움이 됩니다. 풍부한 칼슘 또한 다량 포함되어 있어 뼈를 성장시키고 골격을 강하게 만듭니다. 칼륨이 많아 나트륨과의 균형을 맞추어 혈액순환을 원활하게 하며, 항산화제로 작용하는 베타카로틴은 비타민A로 전환되어 상피조직을 유지하고 정상적인 성장에 관여합니다.

들깨 고사리나물무침 3~4인분

생각보다 고사리나물 특유의 향을 싫어하는 아이들이
많아요. 그래서 고사리를 무르게 삶아 부드럽게 만든
후, 들깨가루를 넣어 무쳤더니 고소한 맛에 맛있게 먹
더라고요.

삶은 고사리를 3~4cm 길이로 썰어 물기를 짠다.

분량의 양념 재료를 고사리에 넣고 무친다. 이때 국간장은 염도에 따라 양을 조절한다.

재료

- ☐ 삶은 고사리 2컵(200g)
- ☐ 들기름 1큰술
- ☐ 물 3큰술
- ☐ 들깨가루 1큰술
- ☐ 통깨 약간

양념

- ☐ 국간장 1큰술
- ☐ 다진 마늘 1작은술
- ☐ 설탕 1/2작은술

달군 프라이팬에 들기름을 두르고 무친 고사리를 넣어 2분간 볶다가 물을 붓고 뚜껑을 덮어 약불로 4~5분간 익힌다.

뚜껑을 열고 중불로 올린 후, 들깨가루를 넣고 1분간 더 볶아준다. 불을 끄고 통깨를 뿌려 마무리한다.

• 엄마표 제안 •

- 건고사리는 찬물에 넣어 센 불로 끓이다가, 불을 줄여 30분간 더 삶아주세요. 삶은 고사리는 헹군 후, 한나절 정도 물에 담가 부드럽게 불려요.
- 삶은 고사리를 산 경우, 1~2분 정도만 삶아주세요.

임상영양사의 한 마디

고사리는 아이의 면역력 증진에 특히 좋고, 단백질과 식이섬유가 풍부하며, 석회질이 많아 성장기에 골격을 튼튼하게 합니다. 또한 아스파라긴산과 글루탐산이 풍부하여 간장을 보호하고 신경을 활발하게 만듭니다.

바싹불고기 3~4인분

불고기용 소고기를 잘게 다진 뒤, 양념에 재워 국물
없이 바싹 구워봤어요. 질긴 고기를 잘 못 씹는 아이
도 무척이나 잘 먹는답니다.

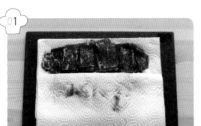

소고기는 키친타월 위에 올려 핏물을 제
거한다.

TIP 불고기용이 아니더라도 최대한 얇게 슬라이스
된 소고기를 구입하세요.

소고기를 칼로 두드려가며 칼집을 낸다.
칼집을 내야 양념이 잘 밴다.

볼에 소고기와 분량의 양념 재료를 모두
넣고 조물조물 주무른 뒤, 30분 동안 재워
둔다.

TIP 양념 재료에서 배즙 대신 사과즙을 넣어도 좋
아요. 간장과 설탕의 양은 취향에 따라 가감해
서 만드세요.

달군 프라이팬에 포도씨유를 두르고 숟가
락으로 재워둔 고기를 1큰술씩 올린다. 센
불로 겉을 익히고, 약불로 줄여 살살 눌러
가며 속까지 구워 마무리한다.

재료

- ☐ 소고기(불고기용) 300g
- ☐ 포도씨유 적당량

양념
- ☐ 간장 2큰술
- ☐ 배즙 2큰술
- ☐ 양파즙 1큰술
- ☐ 설탕 1큰술
- ☐ 다진 파 1큰술
- ☐ 참기름 1큰술
- ☐ 다진 마늘 1작은술
- ☐ 후추 약간

· 엄마표 제안 ·

- 소고기를 양념에 재운 상태
로 냉동 보관한 다음 굽기
하루 전에 냉장실에서 녹여
요리하면 편해요.
- 국물이 없는 요리라 나들이
도시락 메뉴로도 좋고 주먹
밥 속재료로 활용해도 아주
좋아요.

임상영양사의 한 마디

소고기는 양질의 단백질을
보충할 수 있고, 비타민B군
이 풍부해 아이의 성장에 도
움이 됩니다. 조리 시 배, 파
인애플, 키위 등을 함께 넣
어주면 효소 작용으로 인해
고기가 연해지고, 새콤달콤
하게 먹을 수 있습니다.

간장닭갈비 3~4인분

채소와 곁들여 먹으면 더 맛있는 쫄깃쫄깃한 닭갈비
를 아이들의 입맛에 맞게 간장 양념으로 만들어보았
어요. 평소 잘 안 먹는 양배추도 함께 먹일 수 있어 더
좋은 반찬이에요.

닭다리살은 껍질과 기름을 제거하고 한입
크기로 썰어 우유에 10분간 재운다.

양배추와 양파는 사방 2cm 크기로 썰고
대파는 송송 썬다.

재료

- 닭다리살 3쪽(200g)
- 우유 1컵
- 양배추 4장
- 양파 1/2개
- 대파(10cm) 1대
- 포도씨유 1큰술

양념A

- 간장 1.5큰술
- 굴소스 1/2큰술
- 설탕 1큰술
- 매실액 1큰술
- 다진 마늘 1작은술
- 청주 1큰술
- 후추 약간

양념B

- 간장 1/2큰술
- 올리고당 1큰술

우유에 재운 닭다리살을 물에 헹군 다음,
분량의 양념A를 넣고 섞어 냉장고에서
1시간 정도 숙성시킨다.

프라이팬에 포도씨유를 두르고 숙성한 닭
다리살을 넣어 2분간 볶는다.

• 엄마표 제안 •

닭다리살 대신 닭안심이나
닭가슴살을 사용해도 좋고,
기호에 따라 떡볶이떡을 넣
어 만들어도 좋아요.

양배추와 양파를 넣고 센불에서 1분간 볶
는다.

TIP 센불에서 볶아야 물이 생기지 않아요.

양념B와 송송 썬 대파를 넣고 국물이 졸
아들 때까지 2분간 더 볶아 마무리한다.

임상영양사의 한 마디

닭고기에는 양질의 필수아
미노산이 많고, 양배추에는
비타민C가 풍부하여 면역
력 증진과 항산화작용을 도
와주어 몸속의 노폐물도 배
출시켜줍니다.

당근채 달걀볶음 2~3인분

당근을 가늘게 채 썰어 달걀과 함께 볶았어요. 당근은
지용성 비타민을 가지고 있기 때문에 기름에 볶으면
영양의 흡수율을 높일 수 있고, 무엇보다 당근을 잘
안 먹던 아이들도 맛있게 먹을 수 있답니다.

재료

- ☐ 당근 1/2개
- ☐ 달걀 1개
- ☐ 포도씨유 1큰술
- ☐ 소금 약간

01 당근은 껍질을 제거해 2~3cm 길이로 가늘게 채 썰고, 달걀은 소금 한 꼬집을 넣어 풀어준다.

02 프라이팬에 포도씨유를 두르고 당근과 소금을 넣어 당근의 숨이 살짝 죽을 때까지 볶는다.

03 불을 중약불로 줄인 후 볶은 당근을 팬 한쪽으로 몰아두고, 빈 곳에 달걀 스크램블을 만든다.

04 당근과 달걀을 섞어가며 30초간 볶아 마무리한다.

·엄마표 제안·

당근에 거부감이 있는 아이라면 조금 더 가늘게 채 썰어 주세요.

임상영양사의 한 마디

- 당근에 풍부한 베타카로틴은 기름에 볶아 섭취하면 흡수율이 높아지고 면역력과 집중력 향상, 두뇌 발달에 좋습니다.
- 달걀에는 양질의 단백질 뿐만 아니라 인지질인 레시틴이 풍부하고 셀레늄 등 각종 영양소가 많이 들어있습니다.

두부 김무침 2~3인분

아이들이 좋아하는 반찬인 두부와 김이 만났어요. 두
부를 굽고, 김과 함께 버무리면 흔한 재료로 새로운
반찬이 탄생한답니다.

재료

- 두부 1/2모(150g)
- 소금 1/3작은술
- 구운 김 1장
- 포도씨유 1큰술

양념장

- 물 2큰술
- 간장 1/2큰술
- 다진 마늘 1/2작은술
- 참기름 1작은술

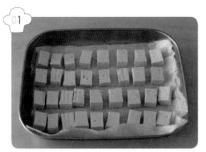

두부는 1cm×2cm 크기로 깍둑썰기하고, 키친타월 위에 올려 소금을 뿌린 후 5분간 둔다.

구운 김은 위생비닐에 넣어서 부수고, 양념장은 미리 섞어둔다.

프라이팬에 포도씨유를 두르고 밑간한 두부를 앞뒤로 노릇하게 굽는다.

양념장을 넣고 두부에 양념이 잘 스며들도록 섞으며 조린다. 양념장이 적당히 졸면 불을 끈다.

· 엄마표 제안 ·

양념장의 양이 많지 않기 때문에 두부를 조릴 때 팬을 한쪽으로 기울여 양념이 골고루 스며들도록 해주세요.

조린 두부를 한 김 식힌 후, 부순 김과 함께 섞어 마무리한다.

임상영양사의 한 마디

두부의 원재료인 콩에는 필수아미노산이 골고루 함유되어 있으며, 콩에 함유된 지질 중 80% 이상이 불포화지방산으로 어린이의 성장·발달에 좋은 식품입니다. 또한 칼슘, 인, 비타민B와 E가 풍부하고 비타민B$_2$인 나이아신을 함유하고 있어 면역력을 증진시키는 데 도움이 됩니다.

임연수 카레구이 2~3인분

임연수는 가시가 별로 없고, 생선살도 부드러워서 아
이들이 먹기 좋은 생선이에요. 생선에 카레를 묻혀서
구워주면 카레 맛이 나는 생선이라고 신기해해요.

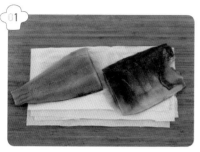

01

손질된 임연수는 깨끗하게 씻고, 등에 세 군데 정도 칼집을 낸 후 생강술과 소금을 뿌려서 약 5분간 밑간해둔다.

02

밑간한 임연수의 물기를 닦은 다음 카레 가루와 밀가루를 섞은 튀김옷에 꾹꾹 눌러 옷을 입히고 5분간 둔다.

03

달군 프라이팬에 포도씨유를 두르고 튀김 옷을 입힌 임연수를 껍질 부분부터 올린 뒤 중약불에서 3~4분간 굽는다. 그다음 뒤집어서 약불로 5분, 다시 뒤집어서 1~2 분간 구워 마무리한다.

재료

☐ 손질된 임연수 1/2마리
☐ 생강술 1작은술
☐ 소금 1/3작은술
☐ 카레가루 1큰술
☐ 밀가루 1큰술
☐ 포도씨유 1큰술

· 엄마표 제안 ·

• 카레가루에 간이 되어 있 기 때문에 밑간용 소금은 조금만 뿌리세요.
• 임연수를 구울 때는 여분의 튀김옷을 털어내야 깔끔하 게 구울 수 있어요.

임상영양사의 한 마디

임연수는 다른 생선에 비해 비린내도 적고 담백한 것이 특징입니다. 또한 단백질, 비 타민B군, 콜라겐 등 각종 영 양이 풍부하여 상처 회복, 원 기 회복에도 도움을 줍니다.

짜장똑똑이 2~3인분

우리나라 전통 요리 중 소고기를 양념해서 볶은 '장똑
똑이'라는 게 있는데요. 그걸 응용해서 만들어본 반찬
입니다. 아이들이 좋아하는 짜장을 넣어 만들었더니
하나씩 집어 먹는 재미가 쏠쏠하답니다.

돼지고기를 1cm×3cm 정도 크기로 썰고, 분량의 밑간 재료를 모두 넣어 조물조물 섞는다.

작은 볼에 조림장 재료를 모두 넣고 짜장 분말이 뭉치지 않도록 잘 풀어준다.

□ 돼지안심 150g
□ 포도씨유 1큰술
□ 올리고당 1작은술
□ 통깨 1작은술

돼지고기 밑간

□ 청주 1큰술
□ 다진 마늘 1작은술
□ 참기름 1작은술
□ 후추 약간

조림장

□ 짜장분말 1큰술
□ 물 3큰술

프라이팬에 포도씨유를 두르고 밑간한 돼지고기를 넣어 익힌다.

돼지고기가 익으면 섞어둔 조림장을 넣고 고기에 양념이 잘 배도록 저으며 조린다.

•엄마표 제안•

짜장분말에 전분이 들어있어 조림장이 금방 걸쭉해지니 골고루 양념이 배도록 잘 섞어주세요.

조림장이 다 졸아 걸쭉한 상태가 되면 올리고당을 넣어 30초간 볶은 후 불을 끄고 통깨를 올려 마무리한다.

임상영양사의 한 마디

돼지고기에는 비타민B$_1$, 인, 칼륨 및 각종 미네랄 성분이 풍부하게 함유되어있어 어린이의 성장·발육에 좋으며 면역력 증진에도 도움을 줍니다.

미역줄기볶음 3~4인분

아이들이 의외로 좋아하는 반찬 중 하나가 미역줄기
볶음이에요. 염분을 잘 빼서 맛있는 미역줄기볶음을
만들어주세요.

재료

- ☐ 염장 미역줄기 100g
- ☐ 양파 1/4개
- ☐ 당근 1/6개
- ☐ 들기름 1큰술
- ☐ 다진 마늘 1작은술
- ☐ 매실액 1작은술
- ☐ 국간장 1작은술
- ☐ 통깨 약간

염장 미역줄기를 물에 씻어 소금을 털어낸 뒤 분량 외의 물에 담가 염분을 제거한다.

미역줄기에 간이 약간 남아있을 때 꺼내 물기를 제거한 다음 3cm 길이로 자른다.

양파와 당근도 미역줄기와 비슷한 길이로 채 썬다.

프라이팬에 들기름을 두르고 다진 마늘을 볶다가 양파를 넣어 1분간 볶는다.

• 엄마표 제안 •

염장 미역줄기에 염분을 빨리 빼고 싶다면 1번 과정에서 물을 여러 번 자주 갈아주세요.

미역줄기와 당근, 매실액, 국간장을 넣고 중약불에서 5분간 달달 볶다가 통깨를 올려 마무리한다.

임상영양사의 한 마디

미역줄기에는 마그네슘과 알긴산이라는 식이섬유소가 다량 함유되어있어 장 운동을 촉진시켜 변비 예방에 좋습니다. 또한 어린이들의 성장 발달을 촉진하는 데 도움을 주는 갑상선호르몬을 만드는 주요성분인 요오드가 다량 함유되어 있습니다.

엄마표로 뚝딱!

깐풍만두 2~3인분

냉동만두로 간편하게 만들 수 있는 간식이에요. 냉장
고에 있는 채소로 소스를 만들어 만두와 버무리니 평
소 채소를 좋아하지 않는 아이도 맛있게 먹어요.

- ☐ 냉동만두 15개
- ☐ 양파 1/4개
- ☐ 피망 1/4개
- ☐ 노란 파프리카 1/4개
- ☐ 빨간 파프리카 1/4개
- ☐ 포도씨유 3큰술

소스

- ☐ 물 3큰술
- ☐ 간장 1큰술
- ☐ 토마토케첩 1큰술
- ☐ 올리고당 1큰술
- ☐ 다진 마늘 1작은술

양파와 피망, 파프리카를 잘게 썬다.

볼에 1번의 채소와 분량의 소스 재료를 모두 넣고 미리 섞는다.

> 매운 음식을 잘 먹는 아이라면, 토마토케첩 대신 고추장을 넣어도 좋아요.

중약불로 달군 프라이팬에 포도씨유 2큰술을 두르고 냉동만두를 넣어 타지 않도록 앞뒤로 노릇하게 굽는다.

팬을 한번 닦고 이번에는 포도씨유 1큰술을 두른 다음 2번에서 섞어둔 소스를 넣고 끓인다.

· 엄마표 제안 ·

- 냉동만두를 바삭하게 구워야 버무렸을 때 쫄깃한 식감이 유지돼요.
- 구운 만두는 키친타월 위에 올려 기름을 잘 제거해주세요.
- 프라이팬 대신 오븐이나 에어프라이어에 구워도 좋아요.

소스가 끓으면 구운 만두를 넣고 골고루 섞어 마무리한다.

임상영양사의 한 마디

- 장 기능이 약한 아이라면 냉동만두를 고를 때 만두 속이 거칠고, 소화가 어려운 재료가 사용되지는 않았는지 확인합니다.
- 파프리카는 색깔마다 효능이 조금씩 다릅니다. 빨간 파프리카의 리코펜은 활성산소 생성을 막아주며 면역력을 증진시키고, 노란 파프리카의 피라진은 혈관 질환을 예방해줍니다.

바나나구이 2~3인분

올리브유에 바나나를 굽고 무스코바도 설탕을 올려
노릇노릇한 바나나구이를 만들었어요. 생 바나나도 맛
있지만, 이렇게 구워먹는 바나나는 아이들에게 새로운
맛을 느낄 수 있게 해준답니다.

바나나는 껍질을 제거하고 어슷썬다.

프라이팬에 올리브유를 두르고 바나나를
올려 중약불에서 노릇노릇하게 굽는다.

재료

- ☐ 바나나 2개
- ☐ 올리브유 1큰술
- ☐ 무스코바도 설탕(or 설탕)
  1/2큰술

선택 재료

- ☐ 시나몬가루 약간

노릇해진 바나나 위에 무스코바도 설탕을
골고루 뿌리고, 설탕이 녹기 시작하면 뒤
집어서 30초간 둔 후 마무리한다.

· 엄마표 제안 ·

바나나는 자주 뒤집지 말고
바닥면이 노릇해지면 한번
뒤집어주세요. 설탕을 뿌린
후에는 쉽게 탈 수 있으니 약
불에서 굽고, 기호에 따라 시
나몬가루를 뿌려도 좋아요.

임상영양사의 한 마디

바나나는 위에 부담을 적게
주며 소화가 잘되는 식품으
로 소화 기능이 약한 어린이
와 어르신들에게 좋습니다.
장 내에서 비피더스균을 증
가시키는 올리고당을 함유
하고 있어 장 운동을 도와주
고 변비 예방에도 아주 탁
월합니다. 특히 바나나를 익
히면 칼륨과 마그네슘이 더
욱 풍부해집니다.

간장 기름떡볶이 2~3인분

통인시장을 대표하는 먹거리인 기름떡볶이를 만들어
봤어요. 국물이 있는 떡볶이와 달리 간장과 기름을 볶
아서 만드는 음식인데, 아이들이 좋아해 자주 찾는 간
식이에요.

끓는 물에 떡볶이떡을 넣고 말랑해질 때까지 데친 후, 찬물에 헹군다.

TIP 떡이 말랑하다면 이 과정은 하지 않아도 돼요.

떡에 포도씨유 1/2큰술을 넣고 조물조물 섞어서 코팅한다. 양념장 재료는 모두 섞어둔다.

TIP 데친 떡을 미리 기름으로 코딩해두면 서로 붙지 않아요.

달군 프라이팬에 포도씨유 1/2큰술과 떡을 넣고 2분간 볶다가, 노릇해지면 양념장을 넣는다.

양념이 골고루 스며들 수 있도록 약불에서 재빨리 섞어 마무리한다.

TIP 국물이 없어 타기 쉬우므로, 양손을 이용해서 빠르게 섞는 것이 중요해요.

재료

- ☐ 떡볶이떡 2컵
- ☐ 포도씨유 1큰술

양념장

- ☐ 간장 1큰술
- ☐ 올리고당 1/2큰술
- ☐ 참기름 1작은술
- ☐ 다진 마늘 1/3큰술

엄마표 제안

양념장 재료에서 간장의 양을 조금 줄이고, 고추장 1큰술, 고춧가루 1작은술을 추가하면 어른들을 위한 매콤한 기름떡볶이 양념이 돼요.

임상영양사의 한 마디

기름을 높은 온도에서 가열하면 어느 순간 표면에 엷은 푸른색의 연기가 발생하는데, 이 온도를 발연점이라 합니다. 이때 발생하는 자극성의 냄새에 발암 물질인 아크롤레인이 포함되어 있으므로 기름에 볶는 요리를 할 때는 발연점이 높은 포도씨유나 옥수수기름을 사용해야 합니다.

새우 우유떡볶이 **2~3인분**

새우와 조랭이떡을 넣고 우유로 맛을 살린 떡볶이에
요. 우유를 좋아하는 아이에게 이렇게 만들어주니 평
소 먹지 않으려고 하던 브로콜리까지 씩씩하게 먹더
라고요.

조랭이떡은 물에 불려 준비하고, 새우살도 물에 담가 해동시킨다.

양파와 데친 브로콜리를 한입 크기로 자른다.

TIP 브로콜리는 소금을 약간 넣은 끓는 물에 살짝 데쳐주세요.

프라이팬에 포도씨유를 두르고, 양파와 새우살을 볶는다. 새우살의 색이 선명해지면 떡을 넣고 1분간 볶는다.

우유와 브로콜리를 넣고 끓기 시작하면 불을 줄여 조금 더 끓인다.

TIP 센불에서 우유를 너무 오래 끓이면 단백질이 응고될 수 있어요.

우유가 반 정도로 줄었을 때 슬라이스치즈를 넣고 잘 섞는다.

소금과 후추로 간을 맞추고 마무리한다.

재료

- □ 조랭이떡 1.5컵
- □ 새우살 1/2컵
- □ 양파 1/2개
- □ 데친 브로콜리 4~5쪽
- □ 우유 3/4컵
- □ 슬라이스치즈 1장
- □ 소금 약간
- □ 후추 약간
- □ 포도씨유 적당량

· 엄마표 제안 ·

- 우유의 양을 좀 줄이고 생크림을 넣으면 좀 더 진한 맛의 크림떡볶이를 만들 수 있어요.
- 브로콜리 대신 다른 채소를 넣어도 좋아요.

임상영양사의 한 마디

- 브로콜리는 비타민C와 베타카로틴이 풍부한 항산화 식품입니다.
- 우유에도 염분이 있기 때문에 소금은 아주 소량만 넣고, 설탕은 비타민B,을 파괴할 수 있으니 넣지 않는 것이 좋습니다.

토마토케첩떡볶이 2~3인분

아이들도 먹을 수 있는 빨간 떡볶이를 만들었어요. 색
은 매워 보이지만 사실 고추장은 아주 조금 넣고 토마
토케첩으로 색을 냈답니다. 매운맛에 적응하는 과정의
아이들에게 좋은 간식이에요.

- ☐ 떡볶이떡 2컵
- ☐ 양배추 2장(1/2쪽 기준)
- ☐ 사각어묵 1장
- ☐ 멸치다시마육수(P. 13) 2컵
- ☐ 고추장 1작은술
- ☐ 간장 1큰술
- ☐ 설탕 1작은술
- ☐ 토마토케첩 2큰술
- ☐ 올리고당 1큰술
- ☐ 대파(10cm) 1대

떡볶이떡은 미리 물에 담가 말랑하게 만든다. 양배추와 어묵은 1cm×2cm 길이로 썰고, 대파는 어슷하게 썬다.

냄비에 멸치다시마육수를 붓고 고추장과 간장, 설탕을 풀어 넣는다. 국물이 끓어오르면 떡볶이떡을 넣는다.

TIP 멸치다시마육수 대신 물을 넣어도 좋아요.

떡이 끓기 시작하면 양배추와 어묵을 넣고 토마토케첩과 올리고당을 넣은 뒤 3~4분간 더 끓여 국물을 조린다. 이때 불을 줄이고 바닥에 눌어붙지 않게 잘 저으며 조린다.

국물이 적당히 졸고, 떡에 간이 배면 어슷 썬 대파를 올리고 한소끔 끓여 마무리한다.

◦ 엄마표 제안 ◦

아직 아이가 어리다면 고추장을 줄이거나 빼고 간장으로 간을 맞추세요.

임상영양사의 한 마디

항암 효과가 뛰어난 토마토에는 비타민C와 E, 셀레늄 등의 성분이 들어있습니다. 식이섬유 또한 풍부해 대장 활동을 원활하게 하여 변비를 개선하고, 열량이 매우 낮아 다이어트에도 도움이 됩니다.

블루베리피자 2~3인분

블루베리와 피자치즈는 냉동실에 넣어두면 요긴하게
쓰이는 식재료입니다. 아이가 피자를 먹고 싶다고 할
때 엄마표로 간단하면서도 건강하게 만들어주세요.

- 토르티야 1장
- 블루베리 1컵
- 마요네즈 1큰술
- 꿀 0.5~1큰술
- 아몬드슬라이스 2큰술
- 모차렐라치즈 1컵

마요네즈와 꿀을 섞어 소스를 만들고, 블루베리는 미리 실온에 꺼내둔다. 아몬드슬라이스는 살짝 구워서 준비한다.

토르티야에 미리 섞어둔 마요네즈+꿀 소스를 골고루 펴 바른다.

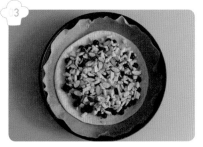

그 위에 블루베리를 올리고, 모차렐라치즈를 뿌린 후 아몬드슬라이스를 올린다.

Tip 굽는 과정에서 블루베리가 터질 수 있으므로 토르티야의 가장자리에서 1cm 안쪽으로 재료를 올려주세요.

175℃로 예열한 오븐에서 5분, 또는 프라이팬에서 뚜껑을 덮어 약불로 5분간 치즈가 녹을 때까지 구워 마무리한다.

엄마표 제안

- 소스를 만들 때 꿀의 양은 기호에 따라 가감하세요.
- 아몬드슬라이스는 마른 팬이나 오븐에서 살짝 구우면 더욱 고소하게 먹을 수 있어요.

임상영양사의 한 마디

퍼플푸드인 블루베리는 폴리페놀 성분이 풍부하고 바이러스 세균을 잡는 화합물이 많아 면역력을 증가시킵니다. 또한 신경세포를 보호하는 플라보노이드 성분도 다량 함유하고 있습니다.

고구마튀김 2~4인분

고구마는 반찬부터 간식까지 다양하게 활용할 수 있는
재료예요. 어떻게 요리해도 정말 맛있지만 바삭하게 튀
겨주면 순식간에 아이의 입속으로 사라진답니다.

고구마는 껍질을 벗긴 후 채 썬다. 고구마의 굵기가 얇을수록 더욱 바삭해지니 취향에 따라 원하는 굵기로 채 썬다.

TIP 고구마는 껍질을 깨끗이 씻은 다음 껍질째 채 썰어도 좋아요.

채 썬 고구마는 찬물에 10분간 담가 전분기를 뺀다.

전분기를 뺀 고구마를 키친타월 위에 올린 후, 눌러가며 물기를 제거한다.

160℃로 달군 포도씨유에 고구마를 넣어 튀기다가 살짝 노릇해지면 건져낸 후, 180℃에서 한 번 더 튀겨 마무리한다.

TIP 고구마튀김은 건진 후에 바로 다시 튀기는 것보다 한 김 식힌 다음 튀기면 더욱 바삭해져요.

재료

☐ 고구마中 2개
☐ 물 3컵
☐ 포도씨유 4컵

· 엄마표 제안 ·

기름 온도 알아보기

튀김요리를 할 때 기름의 온도를 알기가 참 어렵죠. 온도계 없이 반죽을 넣어 온도를 확인할 수 있는 간단한 방법을 소개해드릴게요.

150~160℃	튀김 반죽이 가라앉아 2~3초 간 머무르다 올라오는 정도
170~180℃	튀김 반죽을 넣었을 때 가라 앉았다가 바로 떠오르는 정도
180℃ 이상	튀김 반죽이 중간 쯤 내려갔다가 바로 올라오는 정도

· 튀김용 기름은 발연점이 낮은 올리브유보다 발연점이 높은 대두유, 포도씨유, 카놀라유 등이 적당해요.
· 튀김 요리를 할 때는 재료의 수분을 제거하는 과정이 중요해요.

임상영양사의 한 마디

· 튀김은 아이의 두뇌를 자극하기 좋은 요리법입니다. 씹는 과정에서 턱관절이 움직여 침샘 분비가 촉진되고 자극이 두뇌로 전달되어 뇌 기능이 활성화됩니다.
· 고구마는 가열해도 영양 성분이 거의 변하지 않아 튀김 요리에 좋은 재료입니다.

당근케이크 가족과 함께

아이가 당근을 싫어한다면 케이크로 만들어보세요. 당
근을 곱게 갈아 넣은 촉촉한 케이크라 당근이 들어갔
다는 사실을 모르고 잘 먹더라고요. 생크림을 바르고
과일을 올려 멋진 엄마표 케이크를 만들어도 좋아요.

껍질을 벗긴 당근을 곱게 다진다. 푸드프로세서를 이용해도 좋다.

호두는 전처리한 후 다지고, 건포도는 미지근한 물에 20분 동안 담갔다가 물기를 제거해 준비한다.

재료

- 당근 1개(200g)
- 호두 1/2컵
- 건포도 1/3컵
- 미지근한 물 1/2컵
- 달걀 3개
- 설탕 1컵
- 소금 1/3작은술
- 포도씨유 1컵
- 중력분 1.5컵(150g)
- 베이킹파우더 1/2작은술
- 계피가루 1작은술

볼에 달걀을 넣어 풀다가 설탕과 소금을 두 번에 걸쳐 나누어 넣으며 가볍게 섞는다.

포도씨유를 넣고 달걀과 분리되지 않도록 잘 섞는다.

엄마표 제안

전처리 방법

- **호두** : 호두를 끓는 물에 데치고 물기를 뺀 후, 마른 팬에 볶거나 오븐에 살짝 구워주면 맛이 훨씬 깔끔해져요.
- **건포도** : 건포도는 물에 담갔다가 사용하면 부드럽게 먹을 수 있어요.

중력분, 베이킹파우더, 계피가루를 체에 내려 넣고 가볍게 섞는다.

1번의 당근과 2번의 호두, 건포도를 넣고 볼 옆과 바닥을 주걱으로 잘 긁어가며 골고루 섞는다.

임상영양사의 한 마디

- 당근은 비타민A 함유량이 채소 중에서 가장 높습니다. 비타민A는 지용성이기 때문에 생으로 먹기보다는 기름과 함께 조리하는 편이 영양을 효율적으로 섭취할 수 있습니다.
- 호두는 기본적으로 신장 기능을 증진시키고 기억력을 좋게 하며 몸을 따뜻하게 해줍니다. 단, 묽은 변을 본다면 호두 섭취를 피하는 게 좋습니다.

오븐팬에 분량 외의 포도씨유를 바르거나 유산지를 깔고 반죽을 넣은 후 180℃로 예열한 오븐에서 40~45분간 굽는다. 구운 케이크는 식힘망에 올려 완전히 식힌 후, 먹기 좋은 크기로 잘라 마무리한다.

TIP 전기밥솥을 이용할 경우 분량 외의 포도씨유를 꼼꼼히 바른 밥통에 반죽을 넣은 뒤, 취사를 2회 작동시켜 만드세요.

마늘빵 2~3인분

면역력을 쑥쑥 키워주는 마늘! 냉동실에 잠자고 있는
식빵이 있다면 마늘소스를 발라 간단하게 마늘빵을
만들어보세요. 마늘의 매운맛은 느껴지지 않으면서 정
말 맛있게 먹을 수 있어요.

재료

- ☐ 식빵 3쪽
- ☐ 버터 1큰술
- ☐ 다진 마늘 1큰술
- ☐ 연유(or 꿀) 1큰술
- ☐ 소금 1꼬집
- ☐ 파슬리가루 약간

식빵을 대각선으로 잘라 삼각형으로 만든다.

TIP 손에 잡고 먹기 편하게 스틱 모양으로 잘라도 좋아요.

실온의 말랑한 버터에 다진 마늘과 연유, 소금, 파슬리가루를 넣고 섞어서 마늘소스를 만든다.

식빵에 2번의 마늘소스를 골고루 펴 바른다.

180℃로 예열한 오븐에서 8~10분, 또는 에어프라이어에서 7~8분간 구워 마무리한다.

· 엄마표 제안 ·

아이가 마늘 향에 거부감을 느낀다면 마늘의 양을 줄여주세요. 만약 어른용으로 만든다면 오히려 마늘의 양을 늘리는 것이 좋아요.

임상영양사의 한 마디

마늘의 알리신 성분은 바이러스나 곰팡이, 대장균에 대한 살균 효과가 뛰어나 감기, 기관지염, 대장염을 예방하는 효능이 있습니다. 또한 알리신은 비타민B₁이 체내에서 빠져나가는 것을 막아 피로회복을 돕고 에너지 대사를 원활하게 합니다.

수플레팬케이크

카페의 인기 메뉴 수플레팬케이크를 집에서도 만들
수 있어요. 폭신한 식감이라 아이들도 아주 좋아하는
데요. 엄마 아빠는 커피와 아이들은 우유와 함께 홈카
페를 즐겨보세요.

- ☐ 달걀 2개
- ☐ 소금 1꼬집
- ☐ 중력분 3큰술
- ☐ 베이킹파우더 1/3작은술
- ☐ 우유 3큰술
- ☐ 설탕 2큰술
- ☐ 포도씨유 약간
- ☐ 물 2큰술

달걀은 흰자와 노른자로 분리해 준비한다. 이때 흰자에 노른자가 섞이지 않도록 주의한다.

달걀노른자에 소금을 넣어 녹인 다음, 중력분과 베이킹파우더, 우유를 넣고 뭉치지 않게 풀어준다.

달걀흰자에 설탕을 두 번에 걸쳐 나누어 넣으며 단단한 뿔이 생길 때까지 휘핑해 머랭을 만든다.

볼에 달걀흰자를 넣고 가볍게 풀어 잔거품이 생길 때 설탕을 넣어주세요.

2번의 노른자 반죽에 3번의 머랭을 1/3만 넣고 가볍게 섞은 다음, 남은 머랭에 부어 머랭이 꺼지지 않게 최대한 살살 섞는다.

• 엄마표 제안 •

수플레팬케이크는 머랭이 핵심이에요. 반죽을 섞을 때 주걱을 아래에서 위로 퍼 올리듯 섞어 머랭이 꺼지지 않도록 주의하세요.

프라이팬에 포도씨유를 살짝 두르고 키친타월로 닦아낸 다음, 반죽을 한 국자씩 올린다. 그다음 뚜껑을 덮고 약불에서 3분간 굽는다.

뚜껑을 열고 반죽을 뒤집은 뒤, 팬 가장자리에 물을 살살 흘려 넣는다. 다시 뚜껑을 덮고 3분간 구워 마무리한다.

임상영양사의 한 마디

영양 만점의 달걀과 우유로 만든 간식으로 성장기 어린이에게 정말 좋습니다. 달걀흰자는 단백질이 풍부하고, 우유는 칼슘을 비롯한 각종 영양이 풍부하므로 두 가지 재료는 환상의 조합이라고 할 수 있습니다.

더치베이브

2~3인분(15×3cm 팬, 1개)

이름마저 사랑스러운 이 디저트는 독일식 팬케이크에
요. 근사한 비주얼에 비해 만들기가 간단해서 친구들
이 왔을 때 뚝딱 만들어주면 아이들 입에서 탄성이 절
로 나온답니다.

재료

- ☐ 달걀 1개
- ☐ 우유 3/4컵
- ☐ 설탕 1큰술
- ☐ 소금 1꼬집
- ☐ 중력분 3/4컵
- ☐ 버터(or 포도씨유) 1/2큰술

데커레이션

- ☐ 다양한 과일
- ☐ 메이플시럽(or 꿀, 올리고당)
- ☐ 슈가파우더

볼에 달걀을 넣고 가볍게 풀다가 우유와 설탕, 소금을 넣고 섞는다. 그다음 중력분을 넣고 날가루가 없도록 섞은 뒤 냉장고에 20분, 또는 냉동실에 5분 동안 넣어서 차가운 상태로 준비한다.

오븐팬에 버터를 바른 다음 1번의 반죽을 70% 정도만 채우고, 190℃로 예열한 오븐에 넣어 15분간 굽는다.

반죽이 구워질 동안 팬케이크 위에 올릴 재료를 준비한다. 과일은 기호에 따라 자유롭게 준비한다.

반죽이 다 구워지면 오븐에서 꺼내 한 김 식힌다.

> **엄마표 제안**
>
> 반죽은 굽는 과정에서 많이 부풀었다가 오븐에서 꺼내면 조금씩 가라앉아요. 그 과정을 아이와 함께 지켜보는 것도 좋은 경험이 될 거예요.

팬케이크 위에 3번에서 준비한 과일을 올리고 메이플시럽과 슈가파우더를 뿌려 마무리한다.

> **임상영양사의 한 마디**
>
> 우유, 달걀, 바나나 등에는 체내에서 세로토닌으로 변하는 필수아미노산인 트립토판이 많이 함유되어 있습니다. 세로토닌은 심리적 안정감, 행복감을 가져오는 신경전달물질로 부족할 경우 기억력 감퇴나 불안감, 강박, 우울증이 올 수 있으니 충분히 섭취하는 게 좋습니다.

아몬드 고구마머핀 가족과 함께

마트에서 파는 핫케이크가루에 아몬드가루를 넣어 고
소함을 살리고, 고구마를 넣어 달콤함을 더한 머핀입
니다. 홈베이킹이 처음이라면 시판용 믹스를 이용해서
쉬운 것부터 만들어보세요.

재료
- ☐ 고구마中 1개
- ☐ 핫케이크가루 1팩(250g)
- ☐ 아몬드가루 2큰술
- ☐ 달걀 1개
- ☐ 우유 1컵
- ☐ 아몬드슬라이스 2큰술

고구마는 껍질을 제거하고, 사방 1cm 크기로 깍둑썰기한 다음 전자레인지에 3분 정도 익힌다.

ⅢP 전자레인지에 고구마를 익힐 때는 랩핑한 후 반드시 구멍을 내고 익혀주세요.

볼에 핫케이크가루, 아몬드가루, 달걀, 우유를 넣고 덩어리지지 않도록 잘 섞는다.

ⅢP 덩어리가 풀어질 정도로만 가볍게 섞어야 부드러운 머핀을 만들 수 있어요.

반죽에 익힌 고구마를 넣고 가볍게 섞는다.

머핀틀에 유산지를 깔고 반죽을 80%가량 채운 다음 아몬드슬라이스를 올린다. 그다음 180℃로 예열한 오븐에서 20분간 구워 마무리한다.

・엄마표 제안・

- 고구마를 너무 크게 자르면, 익히는 시간이 오래 걸릴 뿐만 아니라 머핀에 넣었을 때 모양도 예쁘지 않아요.
- 나무꼬치로 머핀을 찔렀을 때, 반죽이 묻어나지 않는다면 잘 구워진 거예요.

집에 오븐이 없다면, 종이컵에 유산지를 끼우고 반죽을 채운 다음 김이 오른 찜통에서 10분간 쪄서 마무리한다.

임상영양사의 한 마디

고구마는 무기질과 칼슘, 인 등이 많은 대표적인 알칼리성 식품으로 비타민도 풍부해 머핀으로 만들어 먹으면 맛과 영양이 훌륭한 간식이 됩니다. 이때 잔뿌리가 많은 고구마는 섬유질이 많을 수 있으므로 피하는 게 좋습니다.

감자채 치즈전 2~3인분

감자를 갈지 않고 가늘게 채 썰어서 치즈를 넣어 고소
하게 구웠어요. 감자채에서 느껴지는 식감 때문에 씹
는 즐거움도 느낄 수 있어요.

감자는 깨끗이 씻어 껍질을 벗기고, 2cm 길이로 가늘고 짧게 채 썬다.

채 썬 감자를 볼에 넣고 전분가루와 소금을 넣어 골고루 섞는다.

프라이팬에 포도씨유를 두르고 키친타월로 살짝 닦은 다음, 2번의 감자반죽을 1큰술 떠서 넓게 펼쳐 중약불로 굽는다.

감자의 가장자리가 살짝 노릇해지면 슬라이스치즈를 올리고, 그 위에 다시 감자반죽 1큰술을 얇게 펼쳐 올린다.

1분 뒤 반죽을 뒤집고 뚜껑을 덮어, 다시 1~2분간 노릇해질 때까지 구워 마무리한다.

•엄마표 제안•

6세 미만의 아이들이 먹을 거라면 소금은 넣지 마세요. 치즈의 짠맛으로도 충분하답니다. 또한 다른 전처럼 포도씨유를 넉넉하게 두르지 않아도 돼요.

임상영양사의 한 마디

- 치즈는 우유 단백질을 레닌으로 응고시켜 만든 것으로 어린이 간식으로 아주 좋습니다.
- 감자는 비타민B, C의 좋은 공급원으로 스트레스에 대한 방어력을 높여주고 피로를 풀어주는 역할을 합니다.

땅콩잼 & 미니토스트 땅콩잼 실온보관 15일 · 미니토스트 2인분

두뇌 건강에 좋은 땅콩으로 고소하고 맛있는 잼을 만
들었어요. 구운 빵에 엄마표 땅콩잼을 바르고 바나나
를 올려주면 맛있는 미니토스트가 완성된답니다.

마른 프라이팬에 땅콩을 넣고 노릇노릇하
게 볶는다. 이때 땅콩이 타지 않도록 저으
면서 볶는다.

볶은 땅콩의 껍질을 제거한 다음 푸드프
로세서나 믹서에 넣고 갈아준다.

땅콩에서 기름이 나올 때까지 갈아준 다
음, 올리브유와 꿀, 소금을 넣고 곱게 갈
아 땅콩잼을 만든다.

식빵을 노릇하게 구운 다음 한입 크기로
썰고, 바나나도 작게 자른다.

바나나는 쿠키 커터를 이용하면 예쁘게 모양
낼 수 있어요.

식빵 위에 3번의 땅콩잼을 바르고, 예쁘게
모양 낸 바나나를 올려 마무리한다.

재료

땅콩잼
- ☐ 땅콩 2컵
- ☐ 올리브유 1큰술
- ☐ 꿀 1큰술
- ☐ 소금 1/4작은술

미니토스트
- ☐ 식빵 2장
- ☐ 바나나 1개
- ☐ 땅콩잼 2~3큰술

• 엄마표 제안 •

- 아이와 함께 놀이하듯이
  땅콩껍질을 제거하는 것도
  좋아요.
- 완성된 잼은 소독한 유리
  병에 보관해주세요.
- 땅콩잼은 샐러드 드레싱,
  쌈 소스, 샌드위치 등 여러
  요리에 곁들여 맛있게 먹
  을 수 있어요.

임상영양사의 한 마디

땅콩은 필수지방산과 비타민
B, E 등이 풍부하며 특히 레시
틴은 세포막을 구성하고, 뇌
세포를 활성화시키기 때문에
두뇌 발달에 좋습니다.

파인애플 탕수육 2~4인분

아이들이 정말 좋아하는 탕수육은 전화 한 통이면 쉽게 배달되는 음식이죠. 하지만 집에서 깨끗한 기름에 튀긴 탕수육의 맛과는 비교할 수 없어요.

볼에 분량의 반죽용 전분물 재료를 넣고 섞은 다음 30분간 그대로 둔다.

TIP 전분가루를 불린 후, 튀김옷을 만들면 식감이 더욱 쫄깃해져요.

탕수육소스에 넣을 파인애플, 양파, 당근, 파프리카를 한입 크기로 썬다.

돼지고기는 납작하고 길쭉하게 썰어 분량의 밑간 재료와 함께 재워두었다가, 달걀흰자를 넣고 조물조물 버무려준다.

1번 전분물에서 윗물을 따라버린 후, 바닥에 남은 전분과 밑간한 돼지고기를 버무려 튀김옷을 입혀준다.

TIP 전분의 양에 따라 튀김옷의 두께를 조절할 수 있어요.

튀김옷을 입힌 돼지고기를 170℃로 달군 포도씨유에서 한 번 튀겼다가, 고기를 꺼내 180℃에서 한 번 더 튀긴다.

달군 프라이팬에 포도씨유를 두른 후 파인애플, 양파, 당근, 파프리카를 넣고 볶다가 전분물을 제외한 소스 재료를 넣고 끓인다. 소스가 끓으면 전분물을 넣으면서 재빨리 섞어 소스를 만든다. 완성된 소스는 튀긴 돼지고기에 곁들여 마무리한다.

TIP 전분물을 한꺼번에 다 넣으면 반죽이 뭉칠 수 있기 때문에 농도를 확인하면서 천천히 넣어주세요.

재료

- ☐ 돼지고기
  (등심 or 안심) 300g
- ☐ 달걀흰자 1개
- ☐ 포도씨유 3컵

반죽용 전분물

- ☐ 물 2컵
- ☐ 전분가루 1.5컵

돼지고기 밑간

- ☐ 청주 1큰술
- ☐ 소금 1/4작은술
- ☐ 다진 생강 1/2작은술
- ☐ 후추 약간

탕수육소스

- ☐ 파인애플 링 2개(1cm 두께)
- ☐ 양파 1/4개
- ☐ 당근 1/5개
- ☐ 파프리카 1/2개
- ☐ 포도씨유 1큰술
- ☐ 물 1.5컵
- ☐ 간장 1.5큰술
- ☐ 토마토케첩 2큰술
- ☐ 식초 3큰술
- ☐ 설탕 3큰술
- ☐ 전분물 2큰술
  (전분:물 = 1:1)

엄마표 제안

- 돼지 등심보다는 안심으로 탕수육을 만들면 더욱 부드럽고 잡내가 나지 않아요.
- 기름 온도 확인 방법은 '고구마튀김(P. 218)'의 엄마표 제안을 참고하세요.

임상영양사의 한 마디

파인애플은 비타민C가 매우 풍부해 체력 회복에 좋고, 신맛을 내는 구연산은 아이의 식욕을 돋워줍니다. 또한 단백질 분해 능력이 뛰어나 고기를 소화시키는 데 도움을 줍니다.

키위부꾸미

2~4인분

곡물가루를 익반죽해서 안에 소를 넣은 다음 반달 모양으로 기름에 지진 떡을 '부꾸미'라고 해요. 여기에 팥소 대신 키위를 넣었더니 새콤달콤한 부꾸미가 되었네요. 쫄깃한 찹쌀과 키위가 어우러진 맛있는 과일떡을 만들어보세요.

재료

☐ 찹쌀가루 1컵
☐ 소금 1/4작은술
☐ 뜨거운 물 3/4컵
☐ 키위 1개
☐ 포도씨유 2큰술

찹쌀가루에 소금을 섞고 뜨거운 물을 조금씩 넣어가면서 숟가락으로 섞어 익반죽한다.

반죽이 적당히 뭉치면 손으로 살짝 치댄 뒤 위생비닐에 넣고 잠시 휴지시킨다.

키위는 껍질을 벗겨 0.5cm 두께의 반달 모양으로 썬다.

휴지시킨 반죽을 10개로 나누고, 둥글넓적하게 빚는다. 반죽이 마르는 것 같으면 손에 분량 외의 물을 조금씩 묻혀가며 빚는다.

· 엄마표 제안 ·

• 익반죽으로 만들면 반죽이 좀 더 쫄깃해져요. 처음에는 뜨거운 물을 조금씩 넣어가면서 숟가락으로 섞다가 나중에 손으로 치대주세요.
• 반죽은 약불에서 천천히 굽고, 반죽끼리 붙지 않도록 간격을 띄워서 구워주세요.

약불로 달군 프라이팬에 포도씨유를 두르고 반죽을 올려 1분간 구운 다음 키위를 올린다. 다시 1분 후 반죽을 반으로 접어 가장자리를 붙인 뒤 뒤집어서 다시 1~2분간 구워 마무리한다.

임상영양사의 한 마디

키위에는 비타민C가 많아 감기 예방이나 피로 회복에 좋으며 식이섬유인 펙틴을 다량 함유하고 있어 변비 예방에도 뛰어난 효과가 있습니다.

연근칩 가족과 함께

연근은 주로 반찬으로 만드는데요. 연근을 얇게 썰어 튀기면 아이들부터 엄마 아빠까지 온 가족이 즐길 수 있는 건강한 간식이 된답니다.

- 연근小 1개(200g)
- 식초 1큰술
- 포도씨유 2컵

연근은 껍질을 제거하고 채칼을 사용해 아주 얇게 썬다.

채 썬 연근을 볼에 넣고 연근이 잠길 정도로 물을 부은 다음 식초를 넣어 10분간 담가둔다.

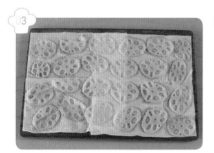

깨끗한 물에 연근을 가볍게 헹군 뒤, 키친타월 위에 올려 물기를 제거한다.

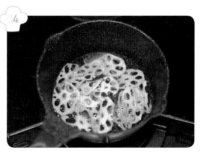

팬에 포도씨유를 붓고 온도를 170℃까지 올린 다음 연근을 튀긴다. 연근이 얇으니 색이 노릇하게 변하기 시작하면 바로 꺼낸다.

· 엄마표 제안 ·

- 연근은 얇게 썰어야 더 바삭해요. 채칼을 이용하면 얇고 균일하게 썰 수 있어요.
- 튀길 때는 연근의 물기를 완전히 제거하고, 기름에 젓가락을 넣었을 때 기포가 생기면 튀기세요.
- 기름 온도 확인 방법은 '고구마튀김(P. 218)'의 엄마표 제안을 참고하세요.

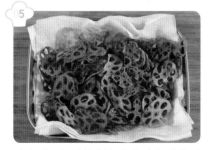

튀긴 연근은 키친타월 위에 넓게 펼쳐 기름을 빼 마무리한다.

임상영양사의 한 마디

연근은 뿌리채소류 중에서 식이섬유가 풍부한 식품으로, 정장작용과 배변을 촉진하고 장내 발암 물질을 흡착하여 대장암을 예방하기도 합니다. 또한 간의 독소를 제거하여 피를 맑게 해줍니다.

한입 스콘 30개 분량, 실온보관 7일

아이들이 한 손에 잡고 먹기 좋은 사이즈로 만든 미니
스콘이에요. 갓 구운 스콘에 우유 한 잔이면 아이들에
게 인기 만점인 간식이 된답니다.

박력분과 베이킹파우더(+코코아파우더)를 체에 내려 넣고, 설탕과 깍둑썰기한 버터를 넣어 스크래퍼로 버터가 콩알 크기가 될 때까지 잘게 쪼개면서 가루와 섞는다.

반죽의 가운데에 홈을 파고 차가운 우유와 소금을 넣어 대충 섞는다. 가루가 약간 남아 있어도 괜찮다.

견과류스콘에는 다진 견과류를, 초코스콘에는 초코칩을 넣고 반죽이 한 덩어리가 되도록 섞는다.

한 덩어리가 된 반죽의 반을 자른 후 위로 겹쳐 살짝 누르고, 다시 반죽의 반을 잘라 위로 겹쳐 살짝 누르는 과정을 3~4회 반복한다.

겹친 반죽을 2cm 두께로 만들고 위생비닐로 감싸 냉장고에서 30~40분간 휴지시킨다.

휴지시킨 반죽을 사방 2cm 크기로 자른다.

반죽을 오븐팬에 옮긴 후, 윗면에 달걀물을 바른다.

180℃로 예열한 오븐에 넣어 14~15분간 구운 다음 꺼내서 식힘망에 올려 마무리한다.

TIP 에어프라이어에서 180℃로 13~14분간 구워도 좋아요.

재료

견과류스콘
- 박력분 1컵(100g)
- 베이킹파우더 1/3작은술
- 설탕 1큰술(10g)
- 버터 5큰술(50g)
- 우유 1/2컵
- 소금 2꼬집
- 견과류 1/2컵

초코스콘
- 박력분 95g
- 무가당 코코아파우더 1/2큰술
- 베이킹파우더 1/3작은술
- 설탕 1큰술(10g)
- 버터 5큰술(50g)
- 우유 1/2컵
- 소금 2꼬집
- 초코칩 1/2컵

달걀물
- 달걀노른자 1/2큰술
- 우유 1큰술

엄마표 제안

- 스콘 반죽은 재료가 차가워야 하기 때문에 버터나 우유는 반죽하기 전까지 냉장 보관해주세요.
- 견과류(아몬드, 호두, 피칸 등)는 잘게 썬 다음 살짝 구워두면 더욱 고소해져요.

임상영양사의 한 마디

견과류에는 단백질과 불포화지방산이 풍부하게 들어 있어서 성장기 어린이들에게 꼭 필요한 간식입니다. 비타민과 무기질도 풍부하여 기억력 향상에 좋고 집중력을 길러줄 수 있습니다.

견과류볼

25개 분량, 실온보관 7일

견과류가 콕콕 박혀있어 먹을 때마다 고소함이 더해지
는 과자에요. 엄마표로 맛있고 건강하게 만들어주세요.

- 버터 8큰술(80g)
- 슈가파우더 5큰술(50g)
- 소금 1/4작은술
- 박력분 1컵(100g)
- 아몬드가루 1/2컵(50g)
- 우유 1큰술
- 견과류 5~6큰술(50~60g)
  (아몬드, 호두, 피칸,
  건과일 등)

버터를 실온에 두어 말랑하게 만든 다음 볼에 넣고 마요네즈처럼 부드럽게 풀어준다.

버터에 슈가파우더와 소금을 넣고 골고루 섞는다.

박력분과 아몬드가루를 체에 내려 넣고 섞다가 실온의 우유를 넣고 날가루가 살짝 보일 정도로만 섞는다.

원하는 종류의 견과류를 잘게 다져 넣고 날가루가 보이지 않도록 섞는다.

.·엄마표 제안.·

반죽을 섞을 때는 손으로 치대지 말고 주걱을 일자(1)로 세워서 볼 옆을 긁어가며 섞어주세요.

반죽을 한입 크기로 동그랗게 빚어 오븐 팬에 올린다.

160℃로 예열한 오븐에 넣어 20분간 구운 다음 식힘망에서 식혀 마무리한다.

임상영양사의 한 마디

아몬드에는 비타민B$_2$와 E, 망간, 마그네슘 등 성장기 어린이들에게 중요한 영양소가 풍부하게 들어있습니다. 또한 탄수화물은 적으면서 단백질과 섬유질이 매우 풍부합니다.

호두정과 가족과 함께

호두는 두뇌 건강에 참 좋은 견과류죠. 하지만 떫은맛 때문에 싫어하는 아이들이 많은데요. 호두를 살짝 데치고 시럽 코팅을 한 후에 튀겨주면 달콤한 간식이 돼요.

재료

- ☐ 호두 2컵
- ☐ 물 1컵
- ☐ 설탕 3/4컵
- ☐ 조청 2큰술
- ☐ 포도씨유 3컵

호두를 끓는 물에 2~3분간 데쳐 떫은맛을 없앤다.

데친 호두는 찬물에 여러 번 헹궈 불순물을 제거하고 물기를 빼준다.

프라이팬에 물, 설탕, 조청을 넣고 설탕이 녹을 때까지 젓지 않고 끓인다.

설탕이 녹으면 2번의 호두를 넣고 시럽이 프라이팬 바닥에 살짝 남아있을 때까지 조린다.

• 엄마표 제안 •

튀긴 호두는 간격을 두고 하나씩 펼친 상태로 식혀야 호두끼리 붙지 않아요.

코팅된 호두를 체에 밭쳐 남은 시럽을 덜어낸다.

140℃로 달군 포도씨유에 시럽을 묻힌 호두를 넣고 약 5분간 튀겨 마무리한다.

TIP 호두에 시럽을 묻힌 상태이기 때문에 타기 쉬우므로 색이 진하게 변하면 바로 건져야해요.

임상영양사의 한 마디

호두는 에너지 급원 식품으로 체력이 저하되고 피로할 때 섭취하면 좋습니다. 또한 기관지를 보호하고 빈혈에 효과적이며, 피부 건강에도 기여를 합니다. 육류 못지 않은 질 높은 단백질을 가진 호두는 성장기 어린이에게 좋은 간식입니다.

사과 브레드 푸딩 2~3인분

식빵에 사과조림을 올리고 달걀물을 부어 촉촉하고
달콤하게 만든 간식이에요. 아이가 어려 더 부드럽게
만들고 싶다면 사과를 좀 더 작게 자르고 달걀물의 양
을 늘려보세요.

재료

- ☐ 식빵 1장
- ☐ 달걀 1개
- ☐ 우유 1/2컵
- ☐ 소금 약간

사과조림

- ☐ 사과 1개
- ☐ 설탕 1큰술
- ☐ 시나몬가루 약간
- ☐ 버터 1작은술
- ☐ 건포도 1큰술

사과는 껍질을 벗긴 다음 작게 썰어 설탕, 시나몬가루와 함께 섞은 다음 10분간 재운다.

재운 사과에 버터를 넣고 중약불에서 2분간 볶다가 건포도를 넣고 1분간 조린 뒤 불을 끄고 식혀 사과조림을 만든다.

식빵은 작게 자르고, 볼에 달걀과 우유, 소금을 넣고 섞어둔다.

오븐용기에 식빵을 넣고 달걀+우유를 붓는다.

• 엄마표 제안 •

- • 전자레인지를 사용할 때는 용기에 랩을 씌운 후 랩에 구멍을 내주세요.
- • 익으면서 반죽이 부풀어 오를 수 있으니 깊이가 있는 용기를 사용하세요.

그 위에 2번의 사과조림을 올린 다음, 180℃로 예열한 오븐에서 15분 또는 전자레인지에서 5분간 돌려 마무리한다.

임상영양사의 한 마디

사과에 풍부한 안토시아닌과 퀘세틴, 카테킨 등 다양한 폴리페놀 성분들은 항산화 및 면역력 향상에 도움을 주며, 사과의 유기산 성분은 우리 몸에 쌓여있는 피로 물질을 없애주는 역할을 합니다.

콘샐러드 **2~4인분**

패스트푸드점의 사이드메뉴로 흔히 볼 수 있는 콘샐
러드를 집에서 만들었어요. 옥수수의 고소함은 물론
채소를 넣어 아삭아삭하고 깔끔한 맛이 난답니다. 햄
버거, 피자, 돈가스 등의 기름진 음식과 곁들이면 아주
좋아요.

통조림옥수수는 체에 밭쳐 흐르는 물에
헹구고 물기를 뺀다.

양파, 당근, 파프리카는 옥수수보다 작은
크기로 썬다.

[TIP] 파프리카는 다양한 색으로 준비하면 색감이
예뻐요.

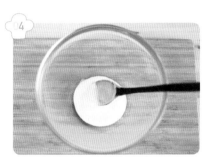

양파는 찬물에 20분 정도 담가 매운맛을
없앤 뒤, 키친타월 위에 올려 톡톡 두드리
면서 물기를 제거한다.

볼에 분량의 소스 재료를 모두 넣고 설탕
이 녹을 때까지 잘 섞는다.

[TIP] 레몬즙 대신 식초를 넣어도 좋아요.

소스에 옥수수, 양파, 당근, 파프리카를
넣고 섞어 마무리한다.

재료

- 통조림옥수수 1.5컵
- 양파 1/4개
- 당근 1/5개
- 빨간 파프리카 1/4개
- 노란 파프리카 1/4개

소스

- 마요네즈 2큰술
- 플레인요거트 1큰술
- 레몬즙 1작은술
- 설탕 1작은술
- 소금 약간

엄마표 제안

- 반드시 재료의 물기를 제
  거한 후에 소스와 버무리
  세요.
- 마요네즈의 양을 줄이고,
  플레인요거트를 더 넣어주
  면 상큼한 맛이 강해져요.
- 버터를 바른 프라이팬에
  콘샐러드를 피자치즈와 함
  께 올려 치즈가 녹을 때까
  지 익혀주면 맛있는 콘치즈
  가 돼요.

임상영양사의 한 마디

여러 색의 파프리카는 미량 영양소를
다양하게 함유하고 있고, 그중 비타민C
는 대표적인 항산화제로 면역력 증진
과 암 예방 효과가 있습니다. 또한 파
프리카의 알록달록한 색감이 채소에
대한 아이의 관심을 끌 수 있습니다.
곁들인 플레인요거트는 부족한 칼슘을
보충하고 맛을 더 좋게 만들지만, 신선
도를 위해서는 구매한 뒤 바로 섭취해
야 합니다.

2~4인분

영양소가 가득한 두부로 만든 엄마표 건강과자예요.
아이와 함께 반죽에 다양한 모양을 찍으며 놀면서 만
들어보세요.

두부를 칼 옆면으로 곱게 으깬 뒤, 면포 위에 올려 꽉 짜서 물기를 제거한다.

재료

☐ 두부 1/2모(150g)
☐ 달걀 1개
☐ 설탕 3큰술
☐ 검은깨 1큰술
☐ 소금 1/4작은술
☐ 박력분 2컵

볼에 달걀과 설탕을 넣고 섞는다. 거품이 많이 생기지 않게 설탕이 녹을 정도로만 가볍게 섞는다.

으깬 두부와 검은깨, 소금을 넣고 섞는다.

박력분을 체에 내려 넣고 섞어 반죽한다.

TIP 박력분을 체에 내리면 밀가루 사이사이에 공기가 들어가서 과자가 부드러워져요.

반죽을 한 덩어리로 만든 후 위생비닐에 넣고, 냉장고에서 30분간 휴지시킨다.

● 엄마표 제안 ●

더욱 바삭한 식감의 과자를 만들기 위해서는 두부의 물기를 완전히 제거하고, 박력분을 체에 내려 사용해야 해요.

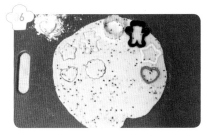

반죽을 0.2~0.3cm 두께로 민 다음, 쿠키 커터로 찍거나 칼로 잘라 모양을 만든다.

170℃로 예열한 오븐에서 10분간 굽거나, 또는 약불로 달군 프라이팬에 노릇하게 구워 마무리한다.

임상영양사의 한 마디

두부는 성장·발육에 좋은 영양원인 콩보다 더 소화가 잘되는 단백질 식품입니다. 두부는 식물성 단백질이기 때문에 아토피 피부인 아이도 안심하고 먹을 수 있으며, 칼로리가 낮아 비만아동도 부담없이 먹을 수 있습니다.

새우 과카몰리 퀘사디아 2~3인분

과카몰리는 으깬 아보카도로 만든 소스에요. 과자에 올려서 먹어도 맛있지만 이렇게 퀘사디아로 만들면 색다른 느낌의 간식이 돼요. 담백한 맛은 물론 영양까지 챙길 수 있답니다.

과카몰리를 만든다. 먼저 아보카도를 손질해 숟가락으로 속을 파낸 후 으깬다.

다진 양파는 물에 10분 정도 담가 매운맛을 제거하고, 방울토마토는 잘게 썬다. 각각 물기를 제거해 준비한다.

으깬 아보카도에 물기를 제거한 양파와 방울토마토를 넣고 레몬즙, 소금, 후추를 넣어 섞으면 과카몰리가 완성된다.

재료

과카몰리

- ☐ 아보카도 1개
- ☐ 다진 양파 2큰술
- ☐ 방울토마토 3~4개
- ☐ 레몬즙 1/2큰술
- ☐ 소금 1/4작은술
- ☐ 후추 약간

퀘사디아

- ☐ 다진 새우살 2큰술
- ☐ 청주 1작은술
- ☐ 후추 약간
- ☐ 포도씨유 1작은술
- ☐ 토르티야(20cm) 1장
- ☐ 모차렐라치즈 1/2컵
- ☐ 과카몰리 2큰술
- ☐ 블랙올리브 2~3개

· 엄마표 제안 ·

• 아보카도는 덜 익었을 땐 녹색을 띠고, 점점 익으면서 갈색으로 변하고 물렁해져요. 만약 구입한 아보카도가 덜 익었다면 실온에 두고 후숙시켜주세요.

• 아보카도 손질하기

아보카도는 가운데에 큰 씨가 있어요. 그 씨를 기준으로 빙 둘러 칼집을 넣은 후 양손으로 비틀어 돌리면 쪼개져요. 가운데 씨는 칼로 찍어서 빼도 되고, 잘 익은 경우 숟가락으로 파내면 쉽게 분리된답니다.

퀘사디야를 만든다. 다진 새우살에 청주와
후추를 약간 넣고 섞어 밑간한다.

프라이팬에 포도씨유를 두르고 새우살을
볶은 뒤 따로 덜어둔다.

마른 프라이팬을 달군 다음 토르티야를
올려 약불에서 앞뒤로 20초간 굽는다.

불을 끈 다음 토르티야의 한쪽에 모차렐라
치즈를 반 정도 깔고 과카몰리 2큰술을 펼
쳐 올린다. 그 위에 5번의 볶은 새우와 블
랙올리브, 남은 치즈를 모두 올린다.

토르티야를 반으로 접고 약불에서 굽다가 치
즈가 녹으면 다시 뒤집어서 30초간 굽는다.

노릇하게 구운 퀘사디야는 먹기 좋은 크
기로 썰어 마무리한다.

식빵 플로랑탱

2~4인분

파이지 위에 아몬드슬라이스와 캐러멜소스를 섞어 올려 굽는 쿠키를 '플로랑탱 아망드'라고 하는데요. 이 디저트를 파이지 대신 식빵으로 쉽고 간단하게 만들었어요. 식빵으로 만들었지만 맛은 그대로랍니다.

식빵의 가장자리를 자른다.

마른 프라이팬에 아몬드슬라이스를 넣고 중약불에서 가장자리가 노릇해지도록 3분간 굽는다. 구운 아몬드슬라이스는 넓게 펼쳐 한 김 식힌다.

냄비에 분량의 시럽 재료를 모두 넣고 약불에서 끓인다. 버터와 설탕이 녹고, 끈적인다는 느낌이 들면 볶은 아몬드슬라이스를 넣어 섞은 뒤 바로 불을 끈다.

오븐팬에 식빵을 서로 붙여놓고 3번의 아몬드슬라이스를 올려 넓게 편다. 이때 시럽이 굳지 않도록 빠르게 작업한다.

엄마표 제안

아몬드슬라이스를 마른 팬에 한 번 구우면 견과류 특유의 잡내가 없어짐과 동시에 고소한 맛이 살아나요.

160℃로 예열한 오븐에서 20~23분간 구운 다음, 한 김 식힌 후 먹기 좋은 크기로 잘라 마무리한다.

임상영양사의 한 마디

아몬드에는 불포화지방산이 풍부하여 콜레스테롤을 감소시키며, 성장기 어린이의 두뇌 발달을 돕고 집중력과 기억력 향상에 도움을 줍니다. 또한 비타민E가 풍부해 면역력도 증진시킵니다.

달걀샌드위치 2~4인분

삶은 달걀을 넣어 부드럽게 만든 샌드위치에요. 특별
한 재료는 아니지만 맛은 보장되어 있죠. 우유와 함께
먹으면 든든한 간식이 된답니다.

- ☐ 식빵 2장
- ☐ 삶은 달걀 2개
- ☐ 마요네즈 2큰술
- ☐ 허니머스터드소스 1/3큰술
- ☐ 우유 1큰술
- ☐ 소금 1꼬집
- ☐ 후추 약간

삶은 달걀을 으깬 다음, 마요네즈 1큰술과 허니머스터드소스, 우유, 소금, 후추를 넣고 섞는다.

TIP 더 촉촉한 속을 원한다면 우유의 양을 조금 늘려주세요.

식빵에 남은 마요네즈 1큰술을 넓게 펴 바른다.

한쪽 식빵 위에 1번의 달걀속을 도톰하게 바른 뒤, 다른 식빵으로 덮어 살짝 누른다.

겹친 식빵의 가장자리를 자르고 8등분으로 잘라 마무리한다.

◦ 엄마표 제안 ◦

• 달걀 삶기

냄비에 달걀을 넣고 달걀이 잠길 정도로 물을 부은 다음, 식초와 소금을 약간씩 넣고 13분간 삶아보세요. 식초와 소금을 넣고 삶으면 익으면서 껍데기가 깨지는 것을 방지할 수 있고 나중에 껍데기를 제거하기도 쉬워요.

임상영양사의 한 마디

달걀노른자에는 인지질인 레시틴이 풍부하여 집중력 향상과 두뇌 발달에 도움이 되고, 시력을 보호해주는 루테인도 풍부합니다. 달걀흰자는 100% 단백질로 구성되어 있고 필수아미노산 함량도 풍부해 면역력 향상에 좋습니다.

평소에 아이들이 잘 안 먹는 녹색채소에 사과를 넣어서 쉽게 먹을 수 있도록 만들었어요. 이렇게 주스로 만들어주면 녹색채소에 대한 거부감을 줄일 수 있답니다. 집에 주스기가 있다면 훨씬 더 쉽게 만들 수 있어요.

1 사과는 껍질을 벗긴 다음 적당한 크기로 자르고, 시금치는 손질한 뒤 깨끗하게 씻어서 준비한다.

2 믹서에 사과와 시금치, 요구르트를 넣고 곱게 간다.

◦엄마표 제안◦

착즙기를 이용하면 좀 더 쉽게 만들 수 있어요.

3 체나 면포에 걸러 즙만 내려 마무리한다.

임상영양사의 한 마디

• 사과는 비타민C와 무기염류 성분이 다른 식품보다 많아 혈관 건강에 좋으며, 사과에 함유된 퀘르세틴은 폐를 보호해줍니다.
• 시금치에는 루테인과 제아잔틴이라는 성분이 풍부해서 눈 건강에 좋습니다.

토마토우유

1인분

토마토는 전체의 95%가 수분으로 이루어져 있는데요.
수분 보충에 도움이 되는 토마토와 칼슘이 가득한 우
유를 섞으면 더운 여름철 음료로 아주 좋답니다.

토마토에 십자(十)모양을 낸
다음, 끓는 물에 넣고 2분
간 데친 후 꺼내서 껍질을
벗긴다.

재료

☐ 토마토 小 1개
    (or 방울토마토 6~7개)
☐ 우유 1컵

껍질을 벗긴 토마토는 한
김 식힌 뒤 4등분으로 자
른다.

· 엄마표 제안 ·

우유의 양은 아이들 기호에
따라 가감하세요.

믹서에 우유와 토마토를 넣
고 곱게 갈아 마무리한다.

임상영양사의 한 마디

토마토의 색 가운데 황적색
은 카로틴, 적색은 리코펜을
많이 함유하고 있는데, 적색
토마토보다 황색 토마토에
비타민A가 풍부하게 들어
있습니다. 또한 비타민C와
D가 많아 칼슘이 풍부한 우
유와 같이 섭취하면 흡수율
도 좋습니다.

생딸기우유 1~2인분

딸기 향만 나는 딸기우유가 아닌 딸기 과육을 생생하
게 맛볼 수 있는 진짜 딸기우유에요. 아이들의 입에서
'더 주세요~'가 바로 나올 거예요.

- ☐ 딸기小 10개
- ☐ 설탕 1/2큰술
- ☐ 우유 1컵

딸기는 꼭지를 따서 깨끗이 씻고, 칼로 작게 다지거나 포크로 으깨준다.

으깬 딸기에 설탕을 넣고 섞은 후 설탕이 녹을 때까지 잠시 둔다.

· 엄마표 제안 ·

설탕은 딸기의 당도에 따라 적절히 가감해주세요.

컵에 2번의 딸기를 넣고 우유를 부은 다음 잘 저어 마무리한다.

임상영양사의 한 마디

딸기에는 붉은색을 띠는 안토시아닌이 풍부하여 항산화 효능이 높으며 심혈관질환에도 좋습니다. 특히 딸기에 함유된 비타민C는 우유 속 철분과 칼슘 흡수에 도움을 줍니다.

바나나 블루베리스무디 1~2인분

더운 여름, 떠먹는 아이스크림처럼 만들 수 있는 스무
디에요. 바나나 블루베리 등의 과일을 냉동 보관해두
었다가 만들면 더욱 시원한 음료를 만들 수 있답니다.

분량의 재료를 준비한다.

- ☐ 바나나 1개
- ☐ 블루베리 1/2컵
- ☐ 얼음 3~4개
- ☐ 우유(or 무가당요거트) 1/2컵
- ☐ 꿀 1큰술

믹서에 재료를 모두 넣고
곱게 갈아 마무리한다.

· 엄마표 제안 ·

- 우유나 요거트의 양은 기호에 따라 가감해주세요.
- 우유나 요거트의 양을 줄이고 얼음을 늘리면 떠먹는 아이스크림으로 만들 수 있어요.

임상영양사의 한 마디

- 블루베리에는 세포를 보호하고 면역시스템을 증진시켜주는 산화방지제가 많이 함유되어 있습니다.
- 바나나에는 비타민A와 C가 풍부하여 몸에 열이 많은 사람의 열을 내려주고, 장 운동을 원활하게 해주는 효과가 있습니다.

특별한 날을
더욱 특별하게!

특별한 날에 즐기는 **이벤트 요리**

칼슘 김밥 2인분

멸치와 치즈를 넣어서 칼슘을 가득 담은 김밥이에요.
다른 반찬이 없어도 든든하게 먹을 수 있어요. 소풍날
아이들의 영양까지 생각해 만들어보세요.

- ☐ 밥 1공기
- ☐ 멸치볶음(P. 130) 2큰술
- ☐ 데친 브로콜리 2큰술
- ☐ 아몬드 1큰술
- ☐ 슬라이스치즈 2장
- ☐ 소금 약간
- ☐ 참기름 1작은술
- ☐ 김밥용 김 2장

① 멸치볶음, 데친 브로콜리, 아몬드는 작게 다지고, 슬라이스치즈는 4등분한다.

TIP 슬라이스치즈는 비닐에 붙은 그대로 칼등으로 누르면 자르기 쉬워요.

② 다진 브로콜리는 마른 프라이팬에 살짝 볶아 수분을 날린다.

③ 밥에 멸치볶음과 브로콜리, 아몬드, 소금, 참기름을 넣고 섞는다. 이때 멸치볶음에 간이 되어 있으므로 소금은 조금만 넣는다.

④ 김밥용 김을 반으로 자르고 3번의 밥을 펴 올린다. 그 위에 치즈를 올린 후 김을 돌돌 말아준다.

. 엄마표 제안 .

- 김밥용 김은 구운 김을 사용 하는 것이 좋고, 김을 만졌을 때 거친 부분에 밥을 올려야 밥알이 더 잘 붙어요.
- 김밥을 자를 때는 칼에 참 기름을 바르거나 빵칼을 사용하세요.

⑤ 김밥 위에 분량 외의 참기름을 바르고 한입 크기로 썰어 마무리한다.

임상영양사의 한 마디

멸치는 단백질, 철분, 비타 민D, 칼슘뿐만 아니라 나이 아신, 핵산 및 불포화지방 산 등을 다량 함유하고 있 기 때문에 성장기 어린이의 성장·발육과 두뇌 발달에 좋은 식품입니다.

돈가스 김밥 2인분

아이들이 좋아하는 돈가스와 김밥이 만났어요. 양상추
도 함께 넣어 부족한 영양까지 채워주는 김밥이랍니다.

① 돈가스용 돼지고기를 칼등으로 두드려 얇게 만들고 청주를 뿌린 뒤 소금과 후추로 밑간한다.

② 밑간한 돼지고기에 밀가루-달걀-빵가루 순으로 튀김옷을 입힌다.

③ 달군 팬에 포도씨유를 넉넉하게 붓고, 튀김옷을 입힌 돼지고기를 넣어 튀긴 다음 기름을 제거한다.

TIP 에어프라이어를 이용할 경우 180℃에서 앞뒤로 5분씩 구워주세요.

④ 김밥용 김은 4등분으로 자르고, 양상추는 김의 1/3 크기로, 돈가스는 1cm 두께로, 단무지는 1/2 두께로 썬다. 마요네즈와 돈가스소스는 잘 섞어둔다.

⑤ 볼에 밥과 분량의 양념 재료를 모두 넣고 섞는다.

⑥ 김 위에 밥 1큰술을 펴고, 양상추-소스 1작은술-돈가스-단무지를 올려 돌돌 만다. 완성한 김밥 위에 참기름을 바르고 통깨를 뿌린 뒤 썰어 마무리한다.

재료

돈가스
- ☐ 돼지고기등심(or 안심) 100g
- ☐ 청주 1작은술
- ☐ 소금 1/3작은술
- ☐ 후추 약간
- ☐ 밀가루 2큰술
- ☐ 달걀 1개
- ☐ 빵가루 1컵
- ☐ 포도씨유 넉넉히

김밥
- ☐ 밥 1공기
- ☐ 김밥용 김 2장
- ☐ 양상추 1장
- ☐ 김밥용 단무지 2줄
- ☐ 마요네즈 2큰술
- ☐ 돈가스소스 2큰술
- ☐ 참기름 약간
- ☐ 통깨 약간

밥 양념
- ☐ 소금 1/4작은술
- ☐ 참기름 1작은술
- ☐ 통깨 1작은술

엄마표 제안

돈가스를 만들 때 건식빵가루밖에 없다면 빵가루에 우유 1큰술을 넣고 섞어 촉촉하게 만든 뒤, 앞뒤로 꾹꾹 눌러 튀김옷을 입혀주세요.

임상영양사의 한 마디

돼지고기에는 비타민B가 풍부하며, 철분과 메티오닌이 많이 함유되어 있기 때문에 빈혈 예방에도 좋고 단백질과 미네랄이 풍부하여 체력 향상에도 좋습니다.

소고기 유부초밥 20개 분량

시중에는 간단하게 만들 수 있는 유부초밥 세트가 많이 있지만, 저는 유부주머니를 사다가 직접 만들어보았어요. 소고기와 채소를 넣어 영양을 꽉 채웠답니다.

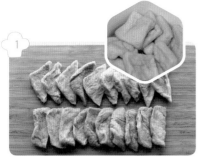

1

냄비에 물을 붓고 끓어오르면 유부를 넣어 가볍게 데친 뒤, 물에 헹궈 물기를 꽉 짠 다음 사선 또는 직선으로 자른다.

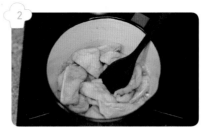

2

냄비에 분량의 조림장 재료와 손질한 유부를 넣고, 조림장이 거의 다 없어질 때까지 조린 뒤 한 김 식힌다.

3

작은 볼에 분량의 배합초 재료를 모두 넣고 설탕이 완전히 녹도록 섞는다. 전자레인지에 살짝 돌리거나, 뜨거운 물에 중탕해서 녹여도 좋다.

4

소고기와 표고버섯은 잘게 다져서 분량의 양념장에 넣어 재우고, 당근과 애호박은 잘게 다져 준비한다.

5

프라이팬에 포도씨유를 두르고 다진 당근과 애호박을 넣은 다음 소금으로 간을 맞춰 볶는다.

6

양념에 재운 소고기와 표고버섯도 포도씨유를 약간 두른 프라이팬에 넣고 볶는다.

7

밥에 3번의 배합초를 1큰술 넣고, 5번과 6번에서 볶은 재료를 넣어 골고루 섞는다.

8

2번에서 준비한 유부에 밥을 채워 넣어 마무리한다.

재료

- ☐ 냉동유부 10개
- ☐ 물 2컵
- ☐ 다진 소고기 2큰술(35g)
- ☐ 표고버섯 1개
- ☐ 다진 당근 1큰술
- ☐ 다진 애호박 1큰술
- ☐ 소금 1꼬집
- ☐ 포도씨유 약간
- ☐ 밥 1공기

유부조림장

- ☐ 다시마육수(P. 12) 1/2컵
- ☐ 설탕 1작은술
- ☐ 간장 2작은술
- ☐ 청주 1작은술

소고기&표고버섯 양념장

- ☐ 간장 1작은술
- ☐ 설탕 1/2작은술
- ☐ 참기름 1/2작은술
- ☐ 청주 1/2작은술
- ☐ 후추 약간

배합초

- ☐ 설탕 1/3큰술
- ☐ 식초 1/2큰술
- ☐ 물 1/3큰술
- ☐ 소금 1/4작은술

· 엄마표 제안 ·

조림장에 유부를 조릴 때는 떠오르는 유부를 숟가락으로 눌러 가면서 조림장이 유부에 골고루 배게 해주세요.

임상영양사의 한 마디

소고기는 면역력을 높이는 식품이며 필수아미노산과 단백질이 많이 들어있어 체력을 보충하는 데 도움이 됩니다. 또한 성장·발육에 좋고 근골을 튼튼하게 하며 빈혈 예방에도 좋습니다.

치즈 달걀 주먹밥 2인분

한입에 쏙쏙 먹을 수 있는 예쁜 노란색 주먹밥이에요.
우리 아이 소풍 도시락은 물론 특별한 날 이벤트 요리
로 만들어도 좋아요.

재료

- ☐ 밥 1공기
- ☐ 스트링치즈 2개
- ☐ 다진 양파 1큰술
- ☐ 다진 당근 2큰술
- ☐ 다진 브로콜리 2큰술
- ☐ 달걀 2개
- ☐ 소금 약간
- ☐ 밀가루 1큰술
- ☐ 포도씨유 약간

양파와 당근, 데친 브로콜리는 다지고, 스트링치즈는 1cm 길이로 자른다. 달걀은 소금을 약간 넣고 풀어 준비한다.

달군 프라이팬에 다진 양파와 당근, 브로콜리를 넣고 볶는다. 이때 포도씨유를 두르지 않은 마른 팬에서 수분만 날린다는 생각으로 볶는다.

볼에 밥과 2번의 볶은 채소를 넣은 후, 소금으로 간을 맞춰 섞는다.

TIP 치즈가 짭조름하므로 간은 세게 하지 않도록 하세요.

밥을 한입 크기로 떼어 가운데를 오목하게 만든 뒤, 치즈를 올리고 동그랗게 감싼다.

• 엄마표 제안 •

스트링치즈는 결이 살아있는 쫀득한 식감의 치즈로, 간식으로 그냥 먹어도 되고 튀김가루를 묻혀 튀겨서 치즈스틱으로 먹어도 좋아요.

주먹밥을 밀가루에 굴린 뒤 달걀을 묻힌다.

달군 프라이팬에 포도씨유를 두르고 키친타월로 살짝 닦은 후 주먹밥을 올린다. 프라이팬 손잡이를 잡고 흔들어 주먹밥을 굴리면서 익혀 마무리한다.

TIP 처음에는 달걀물이 프라이팬에 묻지만 익으면서 주먹밥에 잘 입혀져요.

임상영양사의 한 마디

치즈는 우유의 단백질로 구성된 식품으로 성장기 어린이에게 꼭 필요한 좋은 식품입니다.

삼색 꽃 주먹밥 20개 분량

입이 짧은 아이들을 위해 모양까지 신경 쓴 삼색 꽃 주먹밥이에요. 아이들이 좋아하는 소시지에 평소에 잘 안 먹는 채소로 색을 낸 밥을 감싸면 쉽게 먹일 수 있어요.

1 당근과 데친 브로콜리는 잘게 다지고, 삶은 달걀노른자는 곱게 으깨 준비한다.

> TIP 브로콜리는 소금을 약간 넣어 데치고, 달걀노른자는 체에 받쳐 으깨요.

2 비엔나소시지는 2등분한 뒤, 열십(十)자로 한 번, 엑스(×)자로 한 번 칼집을 넣는다.

재료

- ☐ 비엔나소시지 10개
- ☐ 다진 당근 2큰술
- ☐ 다진 브로콜리 2큰술
- ☐ 으깬 달걀노른자 2큰술
- ☐ 밥 1.5공기
- ☐ 포도씨유 약간
- ☐ 소금 약간
- ☐ 참기름 약간
- ☐ 토마토케첩 약간

3 소시지를 분량 외의 끓는 물에 넣어 칼집이 벌어질 때까지 데친 후 건져서 한 김 식힌다.

4 포도씨유를 살짝 두른 프라이팬에 다진 당근을 넣고 30초간 볶는다. 이때 소금으로 간을 맞춘다.

• 엄마표 제안 •

꽃술은 토마토케첩을 젓가락에 묻혀 찍거나, 아이들 물약통에 케첩을 넣고 짜면 간단하게 만들 수 있어요.

5 다진 브로콜리 역시 당근과 마찬가지로 포도씨유를 두른 프라이팬에 30초간 볶고, 소금으로 간을 맞춘다.

6 으깬 달걀노른자와 볶은 당근과 브로콜리를 각각 밥 1/2공기와 참기름 1작은술, 소금 1/4작은술씩 넣고 섞는다.

임상영양사의 한 마디

- 브로콜리는 식이섬유소와 비타민C가 풍부하고 헬리코박터균을 억제하여 각종 암을 예방하는 데 효과적입니다. 또한 장내의 유해 물질을 흡착해 배설시켜 건강을 유지시켜 줍니다.
- 당근은 눈을 맑게 하며, 가래를 없애고 기침을 멈추게 도와줍니다. 또한 열을 내리는 작용을 합니다.

7 6번의 밥을 1/2큰술씩 떠서 동그랗게 빚은 후 가운데에 3번에서 데친 소시지를 넣고 모양을 잡아준다.

8 토마토케첩을 소시지 꽃 한가운데에 콕콕 찍어 꽃술을 만들어 마무리한다.

감자샐러드 샌드위치 6개 분량

감자와 달걀을 으깨고, 채소를 다져 넣은 샐러드를 이
용해 만든 샌드위치에요. 전날 샐러드만 준비해놓으면
바쁜 아침에도 손쉽게 든든한 샌드위치를 만들 수 있
어요.

① 감자는 껍질을 벗기고 6등분한 뒤, 김이 오른 찜기에 넣어 10분간 찐 후 으깬다.

② 냄비에 실온의 달걀을 넣고 달걀이 잠길 정도로 물을 부은 다음 15분간 삶는다.

TIP 달걀을 삶을 때 소금 1작은술을 넣고 삶으면 달걀껍데기가 깨지는 것을 방지할 수 있어요.

재료

- ☐   모닝빵 6개
- ☐   감자中 2개
- ☐   달걀 2개
- ☐   당근 1/4개
- ☐   오이 1/2개
- ☐   소금 1/4작은술
- ☐   마요네즈 4큰술
- ☐   무가당 플레인요거트 1큰술
- ☐   설탕 1작은술

③ 삶은 달걀은 찬물에 담갔다가 껍데기를 벗긴 후 달걀흰자만 다진다. 당근도 껍질을 제거한 후 잘게 다져 준비한다.

⑤ 오이는 돌려깎기하여 씨를 제거한 후 잘게 다진다. 다진 오이에 소금을 뿌려 10분간 절인 후 면포에 올려 물기를 짠다.

⑤ 볼에 1, 3, 4번의 재료와 달걀노른자를 넣고 마요네즈 3큰술, 무가당 플레인요거트, 설탕을 넣고 잘 섞는다.

⑥ 모닝빵을 2등분으로 자르고 안쪽면을 마른 프라이팬에 살짝 구워준 후 남은 마요네즈를 바른다.

· 엄마표 제안 ·

감자샐러드는 식빵 위에 올려 먹어도 좋고, 샐러드로만 먹어도 좋아요. 넉넉하게 만들어 다양하게 활용해보세요.

⑦ 모닝빵에 5번의 감자샐러드를 올리고 다른 모닝빵으로 덮어 마무리한다.

임상영양사의 한 마디

감자는 당이 주성분이지만 근육 운동에 중요한 역할을 하는 칼륨이 밥보다 16배 더 함유되어 있고, 변비 예방에 좋은 펙틴도 풍부하게 들어있습니다. 또한 비타민 B_1, B_2, C 등이 풍부합니다. 감자의 비타민C는 열에 파괴되지 않아 면역력이 약한 아이에게 좋고, 아르기닌은 궤양 출혈을 막고, 사포닌은 피를 맑게 하는 효능이 있습니다.

과일 롤샌드위치

식빵에 과일을 넣고 돌돌 말아 만든 샌드위치에요. 알
록달록 예쁜 색감 때문에 파티에도 잘 어울리고 나들
이 갈 때 간식으로도 안성맞춤이랍니다.

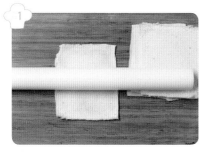

식빵은 가장자리를 자르고 밀대로 밀어준다.

딸기는 꼭지를 자르고 깨끗이 씻어서 물기를 제거하고, 바나나는 껍질을 벗겨 식빵 크기에 맞게 앞뒤를 살짝 자른다.

식빵의 1/3에는 딸기잼을, 나머지 2/3에는 크림치즈를 바른다.

딸기잼을 바른 부분에 딸기와 바나나를 각각 올리고 돌돌 말아준다.

✿ 엄마표 제안 ✿

- 샌드위치를 랩으로 감싸면 빵이 고정돼 좀 더 단단한 롤샌드위치가 돼요.
- 빵이 자꾸 풀린다면 요리픽을 꽂아 고정해도 좋아요.

돌돌 만 샌드위치를 랩으로 싸서 냉장고에 30분간 넣어 굳힌다.

랩을 풀고 0.5~1cm 두께로 썰어 마무리한다.

임상영양사의 한 마디

딸기에는 비타민C가 많이 함유되어 있습니다. 또한 안토시아닌이 다량 들어있어 눈을 맑게 해주고 시력을 보호하는 효과가 있으며, 면역력이 약한 어린이들에게 좋습니다.

순살 치킨 강정 3~4인분

순살 닭고기를 사용하면 집에서도 쉽게 순살 치킨 강
정을 만들 수 있어요. 특별한 날 배달 음식이 아닌 엄
마표 치킨으로 솜씨를 발휘해보세요.

순살 닭고기는 깨끗이 씻은 다음 한입 크기로 썰어서 우유에 20분간 재워 잡내를 제거한다.

TIP 닭고기를 우유에 재우면 잡내를 제거하는 데 효과적이지만 번거로우면 생략해도 좋아요.

잡내를 제거한 닭고기를 흐르는 물에 가볍게 씻은 후 분량의 밑간 재료를 넣고 버무린다.

분량의 튀김옷 재료를 넣고 조물조물 버무려 닭고기에 튀김옷을 입힌다.

TIP 반죽 재료를 한꺼번에 다 넣고 섞으면 좀 더 부드러운 강정을 만들 수 있어요.

냄비에 포도씨유를 붓고 170℃까지 온도를 올린 다음, 튀김옷을 입힌 닭고기를 하나씩 넣고 옅은 갈색이 될 때까지 튀긴다.

포도씨유의 온도를 조금 더 올린 후 한 번 더 튀겨서 진한 갈색의 치킨을 만든다. 튀긴 치킨은 키친타월 위에 올려 기름을 제거한다.

TIP 치킨을 두 번 튀기면 더욱 바삭해져요.

프라이팬에 분량의 강정소스 재료를 다 넣고 중불에서 끓이다가, 소스가 보글보글 끓으면 치킨을 넣고 소스가 없어질 때까지 조린다. 기호에 따라 견과류를 올려 마무리한다.

재료

- ☐ 순살 닭고기 2컵(300g)
- ☐ 우유 적당히
- ☐ 포도씨유 2~3컵

닭고기 밑간

- ☐ 청주 1큰술
- ☐ 소금 1작은술
- ☐ 후추 1/4작은술

튀김옷

- ☐ 튀김가루 2큰술
- ☐ 빵가루 2큰술
- ☐ 전분가루 3큰술
- ☐ 달걀 1개
- ☐ 물 1큰술

강정소스

- ☐ 간장 2큰술
- ☐ 설탕 1큰술
- ☐ 매실액 1큰술
- ☐ 올리고당 2큰술
- ☐ 다진 마늘 1/2큰술
- ☐ 후추 약간
- ☐ 물 1큰술

선택재료

- ☐ 다진 견과류

엄마표 제안

- 닭고기는 다리살, 안심, 가슴살 등 원하는 부위를 사용하면 돼요.
- 기름 온도 확인 방법은 '고구마튀김(P. 218)'의 엄마표 제안을 참고하세요.

임상영양사의 한 마디

닭고기는 단백질, 무기질, 비타민B군의 공급원이며, 허약한 몸을 보호하고 근골을 튼튼하게 합니다. 특히 견과류와 배합하면 닭고기의 단백질 이용률을 높이고 아이의 두뇌 발달과 면역력을 증가시킬 수 있습니다.

통밀쿠키 카나페 지름 3cm, 30개 분량

통밀쿠키와 커스터드크림을 직접 만들어 더욱 특별한
카나페에요. 하나하나 손이 많이 가지만, 아이 생일이
나 크리스마스 파티 때 만들어주면 인기 메뉴가 된답
니다.

커스터드크림을 만든다. 볼에 달걀노른자와 박력분, 설탕을 넣고 섞는다.

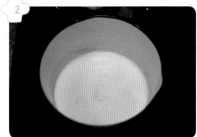

냄비에 우유를 붓고 가장자리에 기포가 생길 정도로만 데운 다음, 바닐라액을 넣고 섞는다.

TIP 바닐라액이 없다면 넣지 않아도 좋아요

커스터드크림

- ☐ 달걀노른자 1개
- ☐ 박력분 2큰술
- ☐ 설탕 1.5큰술
- ☐ 우유 1.5컵
- ☐ 바닐라액 2방울
- ☐ 버터 1큰술

통밀쿠키

- ☐ 버터 10큰술(100g)
- ☐ 황설탕 1/2컵(50g)
- ☐ 소금 1/4작은술
- ☐ 달걀 1개
- ☐ 통밀가루 1.5컵(150g)
- ☐ 박력분 1/2컵(50g)
- ☐ 베이킹파우더 1/3작은술
- ☐ 토핑용 과일 적당히

1번의 반죽에 2번의 데운 우유를 조금씩 넣어가며 뭉침이 없도록 풀어가며 섞는다.

3번의 반죽을 체에 내려 뭉친 반죽을 잘 풀어준다.

체에 내린 반죽을 약불에서 한쪽 방향으로 저으며 되직해질 때까지 끓인다.

반죽이 되직해지면 불을 끄고 실온의 말랑한 버터를 넣어 저어가며 녹인 뒤, 한 김 식히면 커스터드크림이 완성된다.

◦ 엄마표 제안 ◦

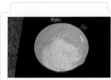

완성된 커스터드크림을 바로 사용하지 않을 경우, 윗면에 막이 생길 수 있으니 랩을 크림에 밀착시켜 덮은 뒤 식혀주세요.

통밀쿠키를 만든다. 볼에 실온의 말랑한 버터를 넣고 마요네즈 상태로 부드럽게 풀어준다.

버터에 황설탕과 소금을 넣고 서걱거리지 않을 정도로 골고루 섞는다.

실온의 달걀을 두 번에 나눠가며 넣고 버터가 분리되지 않도록 골고루 섞는다.

통밀가루, 박력분, 베이킹파우더를 체에 내려 넣고 주걱을 일자(ㅣ)자로 세워 자르듯이 섞는다.

반죽에 날가루가 안 보이면 한 덩어리로 뭉친 뒤 위생비닐에 넣어 30분간 휴지시킨다.

휴지시킨 반죽에 분량 외의 덧가루를 뿌리고 밀대를 이용해 0.3~0.4cm 두께로 넓게 민 다음 쿠키 커터로 찍는다.

쿠키 반죽을 오븐팬에 올린 뒤, 175℃로
예열한 오븐에 넣고 10분간 굽는다.

TIP 반죽의 가운데를 포크로 찍어 구우면 더욱 바
삭하게 구울 수 있어요.

구운 쿠키는 식힘망에 올려 한 김 식히고,
토핑용 과일은 한입 크기로 잘라 물기를
제거해 준비한다.

식힌 쿠키 위에 6번의 커스터드크림을 1작
은술씩 올린 뒤, 토핑용 과일을 올려 마무
리한다.

블루베리머핀 미니머핀 20개 분량

아이들이 먹기 편하게 작은 사이즈로 구운 머핀이에
요. 체험학습 갈 때 간식으로 챙겨주어도 좋고, 아이들
과 파티를 할 때도 좋답니다.

☐ 버터 3큰술(30g)
☐ 설탕 3큰술(30g)
☐ 소금 1꼬집
☐ 달걀 1개
☐ 무가당 플레인요거트 4큰술
☐ 박력분 1컵(100g)
☐ 베이킹파우더 1/4작은술
☐ 블루베리 1/2컵

볼에 실온의 말랑한 버터를 넣고 마요네즈 상태로 부드럽게 풀어준다.

버터에 설탕을 두 번에 걸쳐 나눠 넣으며 섞고, 마지막에는 소금을 함께 넣어 골고루 섞는다.

실온의 달걀을 두세 번에 걸쳐 나눠 넣어가며 분리되지 않도록 섞은 다음, 실온의 플레인요거트를 조금씩 넣어가며 섞는다.

박력분과 베이킹파우더를 체에 내려 넣고 주걱을 일자(1)자로 세워 자르듯이 섞는다. 날가루가 약간 남아있을 때까지만 섞으면 된다.

· 엄마표 제안 ·

오븐의 사양에 따라 굽는 온도와 시간을 가감하세요. 노릇한 구움색이 나고, 꼬치로 찔렀을 때 반죽이 묻어나오지 않으면 완성이에요.

블루베리를 넣고 날가루가 보이지 않을 때까지 섞는다. 만약 블루베리가 냉동일 경우 미리 꺼내 녹인 다음 물기를 제거해서 넣는다.

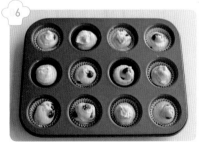

반죽을 미니 머핀틀에 2/3 정도만 채우고 180℃로 예열한 오븐에 넣어 15분간 굽는다. 구운 머핀은 식힘망에 올려 마무리한다.

TIP 일회용 머핀틀을 이용해 180℃의 에어프라이어에서 10분 내외로 구워도 좋아요.

임상영양사의 한 마디

· 플레인요거트를 통해 유산균을 섭취하면 면역계 증강 효과와 더불어 장내 유해 미생물의 생육을 억제해 설사 및 변비를 예방할 수 있습니다.
· 블루베리에는 프로안토시아닌과 루테인, 비타민B군 등 눈의 피로를 줄이고 시력 개선에 도움을 주는 성분이 많이 함유되어 있습니다.

모양쿠키

길이 5~6cm, 30개 분량

코코아가루와 치즈가루를 넣고 아이들이 좋아하는 모양을 찍어 만든 쿠키에요. 특별한 날 아이들을 위해 솜씨를 발휘해보세요.

Hi !

I am
Komi!

볼에 실온의 말랑한 버터를 넣고 마요네즈 상태로 부드럽게 풀어준다.

버터에 설탕과 소금을 두 번에 걸쳐 나눠 넣으며 섞는다. 설탕의 바스락거리는 느낌이 없도록 계속 섞는다.

재료

- ☐ 버터 14큰술(140g)
- ☐ 설탕 13큰술(130g)
- ☐ 소금 1/4작은술
- ☐ 달걀 1개
- ☐ 박력분 2컵(200g)
- ☐ 아몬드가루 1/2컵(50g)
- ☐ 코코아가루 1큰술
- ☐ 황치즈가루 1큰술

실온의 달걀을 두 번에 걸쳐 나눠 넣으며 분리되지 않도록 섞는다.

박력분과 아몬드가루를 체에 내려 넣고 주걱을 일자(l)자로 세워 자르듯이 섞는다. 날가루가 살짝 보일 정도만 가볍게 섞는다.

반죽을 반으로 나눠 각각 코코아가루와 황치즈가루를 넣고 가루가 안 보일 때까지 섞는다.

반죽을 각각 위생비닐에 넣고 냉장고에서 30분간 휴지시킨다.

• 엄마표 제안 •

모양틀이 없다면 네모, 세모, 동그라미 등 주변의 사물을 이용해도 좋아요.

휴지시킨 반죽을 꺼내 분량 외의 덧가루를 뿌리고 밀대를 사용해 0.4~0.5cm 두께로 민 다음 모양틀로 찍는다.

모양을 낸 반죽을 오븐팬에 올리고 170℃로 예열한 오븐에 넣어 10~11분간 구운 뒤, 식힘망 위에 올려 마무리한다.

임상영양사의 한 마디

- 아몬드는 알칼리성식품으로 위산의 활동을 억제합니다. 또한 마그네슘, 인, 철분 등 무기질이 풍부하여 두뇌를 발달시키고 성장을 촉진시킵니다.
- 코코아는 마그네슘이 풍부하여 꾸준히 섭취하면 눈 떨림이나 근육 경직 등을 완화할 수 있습니다.

생일케이크 20호틀 1개, 4~5인분

특별한 날을 위한 홈메이드 케이크! 손이 많이 가서
어렵게 느껴질 수 있지만 아이가 기뻐하는 모습을 상
상하면 보람도 있고, 무엇보다 시판 케이크보다 맛있
게 만들 수 있어요.

볼에 실온의 달걀을 넣어 풀다가 설탕을 세 번에 걸쳐 나눠 넣고 섞는다.

분량 외의 따뜻한 물을 그릇에 붓고 그 위에 1번의 볼을 올려 설탕이 다 녹을 때까지 중탕으로 믹싱한다. 이때 물이 반죽에 들어가지 않도록 주의한다.

TIP 중탕 물은 따뜻한 정도가 좋아요. 너무 뜨거우면 달걀이 익을 수 있어요.

설탕이 다 녹으면 중탕볼에서 내려 반죽이 아이보리색이 될 때까지 믹싱한다. 믹싱기를 들었을 때 반죽이 리본 모양을 잠깐 유지하다가 사라지면 된다.

작은 볼에 버터와 우유를 넣어 중탕으로 섞은 다음 3번 반죽의 1/5 정도를 넣고 섞는다.

TIP 반죽을 조금 덜어 버터+우유와 미리 섞어두면, 나중에 합쳤을 때 본 반죽의 기포가 꺼지는 것을 막을 수 있어요.

3번 반죽에 박력분과 코코아가루를 체에 내려 넣고 주걱으로 재빨리 섞는다. 반죽이 골고루 섞이면 4번의 반죽을 조심스레 넣고 섞는다.

유산지를 깐 원형틀에 반죽을 붓고 위쪽을 고르게 편 다음, 틀을 바닥에 두 번 탕탕 내리쳐서 기포를 제거한다.

 재료

제누와즈
- ☐ 달걀 3개
- ☐ 설탕 7큰술(70g)
- ☐ 버터 1큰술
- ☐ 우유 2큰술
- ☐ 박력분 7큰술(70g)
- ☐ 코코아가루 1큰술

시럽
- ☐ 물 1/2컵
- ☐ 설탕 1/2컵

데커레이션
- ☐ 생크림 3컵
- ☐ 설탕 3큰술
- ☐ 토핑용 과일 및 스프링클

07

반죽을 180℃로 예열한 오븐에 넣고 25분
간 구운 다음 틀에서 분리해 뒤집어서 식
힌다.

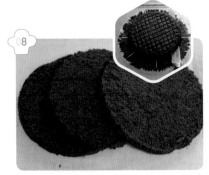

08

식힌 제누와즈를 3단으로 슬라이스한다.
균일하게 자르기 힘들다면 이쑤시개를 꽂
아서 자리를 맞춘 후 자르면 편리하다.

· 엄마표 제안 ·

• 5번 과정에서 가루재료와
반죽을 섞을 때, 주걱을 아
래에서 위로 퍼 올리듯 섞
어 거품이 꺼지지 않도록
주의하세요.
• 제누와즈를 만드는 과정이
힘들다면 인터넷으로 구매
한 후, 생크림과 과일로 장
식만 해도 좋아요.

09

냄비에 분량의 시럽 재료를 넣고 끓여 한
김 식히고, 다른 볼에 차가운 생크림과 설
탕을 넣어 단단하게 휘핑해 크림을 만든다.

시럽을 만들 때는 절대로 젓지 말고 그대로
끓여 설탕을 녹여주세요.

10

그릇에 제누와즈를 한 장 올리고, 한 김
식힌 시럽을 골고루 바른다.

임상영양사의 한 마디

케이크는 열량이 많은 식품
이지만 과일을 듬뿍 넣어 만
든 수제 케이크라면 과일의
영양 성분으로 인해 체내 면
역력을 증진시킬 수 있습니
다. 또한 각종 과일은 몸속
노폐물을 배출시켜 혈관 건
강에 도움을 주며 식이섬유
도 풍부하여 배변 활동에 도
움을 줍니다.

11

휘핑한 생크림을 펴 바른 뒤, 원하는 과일
을 올린다. 이때 과일은 취향에 따라 고르
되 미리 씻어 물기를 제거한 다음 적당한
크기로 잘라 올린다.

12

제누와즈-시럽-생크림-과일-제누와즈
순으로 올린 다음 남은 생크림을 전체적
으로 바르고 과일과 스프링클로 장식해
마무리한다.

PART

6

요리야, 놀자!

옥수수가 팡팡,
팝콘

가족과 함께

놀이동산이나 영화관의 필수 간식, 팝콘!

의외로 많은 아이들이 팝콘의 재료가 옥수수라는 걸 잘 모르더라고
요. 옥수수알이 톡톡 튀며 팝콘이 되는 과정을 직접 보여주면 더욱
흥미를 가질 거예요.

- ☐ 팝콘용 옥수수알 1컵
- ☐ 버터 1큰술
- ☐ 소금 약간
  + 팝콘용 옥수수알은 유기농식품
     매장에서 구매하세요.

- ☐ 궁중팬
- ☐ 투명 팬뚜껑
- ☐ 나무주걱

1 아이가 옥수수알을 직접 만져보며 충분히 탐색할 시간을 준다.

2 중불로 달군 프라이팬에 버터를 넣고 녹인다.

3 버터가 녹으면 옥수수알과 소금을 넣은 다음 주걱으로 젓는다. 옥수수알에 버터가 골고루 묻도록 섞는 것이 중요하다.

튀겨지는 중간에 뚜껑을 열면 팝콘이 튀어 다칠 수 있어요. 절대 뚜껑을 열지 않도록 해주세요.

4 뚜껑을 덮고 팝콘이 만들어질 때까지 기다린다. 이때 투명한 뚜껑을 사용해야 팝콘이 튀겨지는 과정을 확인할 수 있다.

5 옥수수알이 튀겨지는 소리가 거의 멈추면 불을 끄고, 2~3분간 기다린 뒤 뚜껑을 열어 옥수수알이 팝콘으로 변한 결과물을 보여준다.

불을 끄고 바로
뚜껑을 열면, 팬의 잔열 때문에
안 튀겨졌던 옥수수알이
튈 수 있으니 조심하세요.

 이렇게 놀아주세요!

1 옥수수알이 튀겨지는 소리에 귀를 기울이도록 해주세요.
   톡톡 터지는 소리를 들으며 어떤 소리와 비슷한지 아이와 이야기를 나눠보세요.

2 아이가 어느 정도 자라면 팝콘이 만들어지는 원리에 대해 설명해주는 것도 좋아요.
   옥수수 알맹이 속의 수분이 뜨거운 열을 만나면 수증기로 변하면서 부피가 커지는데, 그 과정에서 옥수수 겉껍질이 터지는 것이라고 알려주세요.

메추리알 둥지
식빵

2~3인분

👑 *식빵 위 마요네즈 둥지 안의 메추리알~*

식빵과 마요네즈, 메추리알만 있으면 간단한 간식을 만들 수 있어요.
매번 달걀만 보다가 메추리알을 보면 작고 앙증맞은 크기에 아이들
이 굉장히 즐거워해요.

- 식빵 2개
- 마요네즈 3~4큰술
- 메추리알 10알
- 소금 약간
- 후추 약간
- 파슬리가루 약간

- 원형틀
- 물약통
- 오븐팬
- 유산지

1 원형틀을 이용해 식빵을 동그란 모양으로 만든다.

틀이 없다면
컵이나 밥그릇을
사용해도 좋아요.

2 식빵의 가장자리에 마요네즈를 둘러 둥지 느낌으로 만든다.

> ⅢＰ 아이들 물약통을 깨끗이 씻어서 마요네즈를 넣으면 쉽고 깔끔하게 짤 수 있어요.

메추리알 껍데기가
들어가지 않게
조심, 조심

3 식빵의 가운데에 메추리알을 하나씩 깨서 넣는다.

> ⅢＰ 어린아이의 경우 메추리알을 깨서 한 번에 식빵 가운데에 넣기는 어
> 려워요 이럴 때는 불에 미리 깬 다음 숟가락으로 옮겨 담도록 해주
> 세요 처음에는 노른자가 터지기 쉽지만 아이들이 잘 할 수 있도록
> 계속 용기를 주세요.

4 유산지를 깐 오븐팬 위에 빵을 올리고, 메추리알에 소금과 후추, 파슬리가루를 조금씩 뿌린다.

5 180℃로 예열한 오븐에서 10분, 또는 에어프라이어에서 10분간 구워 마무리한다.

> 📖 오븐에 넣기 전에 노른자를 이쑤시개로 2~3회 톡톡 찔러주세요. 그래야 오븐 안에서 터지지 않아요.

 이렇게 놀아주세요!

1 닭과 메추리를 비교해보아요.
2 달걀과 메추리알은 어떤 차이점과 공통점이 있는지 이야기를 나눠요.

폭신폭신,
팬케이크

2~3인분

♛ *아이가 빵을 먹고 싶다고 한다면!*

아이와 함께 만들면 좋은 팬케이크입니다. 오븐 없이도 간단하게
만들 수 있고, 과일을 넣어 달콤함까지 함께 느낄 수 있어요.

- ☐ 달걀 1개
- ☐ 설탕 1큰술
- ☐ 소금 약간
- ☐ 우유 1컵
- ☐ 밀가루 1컵
- ☐ 베이킹파우더 1/3작은술
- ☐ 녹인 버터 2큰술
- ☐ 포도씨유 약간
- ☐ 잼(or 생크림) 약간
- ☐ 토핑용 과일 약간

도구

- ☐ 믹싱볼
- ☐ 거품기
- ☐ 안전칼
- ☐ 프라이팬
- ☐ 키친타월
- ☐ 국자
- ☐ 뒤집개
- ☐ 버터나이프(티스푼)

1 볼에 실온의 달걀을 넣고 풀다가 설탕과 소금, 실온의 미지근한 우유를 넣고 섞는다.

TIP 먼저 달걀을 풀고 난 다음 우유를 넣어야 잘 섞여요.

2 밀가루와 베이킹파우더를 체에 내려 넣고 날가루가 없도록 섞는다.

3 중탕으로 녹인 버터를 반죽에 넣고 분리되지 않도록 섞는다.

칼은 항상
조심, 조심

4 바나나와 딸기 등 토핑용 과일을 적당한 크기로 잘라 준비한다. 이때 안전칼을 사용해 아이가
직접 과일을 자를 수 있도록 도와준다.

아이가 뜨거운 팬에
다치지 않도록 옆에서
잘 지켜봐주세요.

5 프라이팬에 포도씨유를 두르고 키친타월로 살짝 닦은 다음 3번의 반죽을 국
자로 떠서 얇게 올린다. 반죽의 윗면에 기포가 올라오면 뒤집는다.

6 구운 팬케이크에 잼이나 생크림을 바르고 4번에서 자른 과일을 올린 뒤 반으로 접어
 마무리한다.

 이렇게 놀아주세요!

특별한 날 팬케이크를 여러 장 구운 다음, 과일과 생크림을 이용해 장식하면 기념일 케이크로도 손색이 없어요.

탱글탱글,
과일젤리

2인분

👑 아이들이 좋아하는 새콤달콤한 젤리를 직접 만들어볼까요?

손가락으로 누르면 다시 올라오는 탱탱하고 말랑말랑한 느낌의 젤리.
액체가 고체로 변하는 신기한 과정 속에서 즐거움을 느끼게 해주세요.

재료

- ☐ 과일주스 1컵
- ☐ 한천가루 1작은술
- ☐ 과일 적당량
  + 한천가루는 우뭇가사리로 만든 100% 식물성재료로 주로 응고제로 쓰여요. 대형마트나 인터넷에서 쉽게 구매할 수 있답니다.

 도구

- ☐ 믹싱컵
- ☐ 숟가락
- ☐ 냄비
- ☐ 안전칼
- ☐ 컵

1 원하는 맛의 과일주스에 한천가루를 넣고 잘 섞어둔다.

어린아이의 경우, 젓는 과정은 엄마가 도와주세요.

2 한천가루가 잘 풀어졌다면 냄비에 붓고 약불에서 살살 저으면서 살짝 끓인 다음 한 김 식힌다.

3 젤리에 넣을 과일을 손질한 후 작은 크기로 썰어 컵에 담는다.

4 과일이 담긴 컵에 2번에서 한 김 식힌 젤리물을 살살 부은 다음,
냉장고에 넣어 약 1시간 정도 굳힌다.

5 1시간 뒤 굳힌 젤리를 꺼내 맛있게 먹으면서 주스가
어떻게 젤리로 변했는지 이야기를 나눈다.

이렇게 놀아주세요!

1 젤리에 넣을 과일을 직접 세척하고 써는 과정도 스스로 할 수 있게 해주세요.

2 컵에 과일을 담는 과정에서 나누고 분배하는 걸 설명해주세요.

바나나를 품은
떡

가족과 함께

♔ 쫄깃쫄깃, 바나나떡

바나나를 으깨서 반죽에 넣고, 작게 잘라 소로도 사용하는 바나나떡 입니다. 떡의 주재료인 찹쌀을 조물조물 반죽하며 찹쌀의 찰기도 느껴보고, 우리 고유의 음식인 떡이 어떻게 만들어지는지에 대해서도 이야기해보아요.

- ☐ 바나나大 1개
- ☐ 습식찹쌀가루 1컵
- ☐ 소금 약간
- ☐ 설탕 1큰술
- ☐ 물 1~2큰술
- ☐ 카스텔라 1개

　+ 건식찹쌀가루를 사용할 경우, 반죽의 농도를
　　봐가면서 물을 약 5큰술 정도 넣어주세요.

 도구

- ☐ 믹싱볼
- ☐ 고운체
- ☐ 안전칼
- ☐ 냄비
- ☐ 쟁반

1　카스텔라는 윗면의 갈색 부분을 제거하고, 하얀 속 부분만 체에 문질러 고운 가루로 만든다.

2　바나나는 반으로 나눠 1/2개는 곱게 으깨고, 1/2개는 조금 크게 잘라 소를 준비한다.

3 볼에 으깬 바나나와 찹쌀가루, 소금, 설탕을 넣고 물로 농도를 맞춰가며 반죽한다. 날가루가 없어지면 손에 묻지 않을 때까지 치대 한 덩어리로 만든다.

반죽을 여러 번 잘 치대야 찰기가 생겨 떡이 예쁘게 만들어져요

4 반죽을 한입 크기로 떼어 동그랗게 만든 후, 송편을 만들듯이 가운데를 움푹하게 파고 바나나 조각을 하나씩 넣어 잘 오므린다.

5 냄비에 분량 외의 물 3컵을 붓고 끓어오르면 4번의 반죽을 넣어 익힌다.

6 떡이 익어 물 위로 떠오르면 체로 건진 뒤 바로 찬물에 담가 식힌다.

TIP 떡은 건지자마자 바로 찬물에 넣어 식혀야 떡이 쫄깃쫄깃해져요.

7 떡이 식으면 물에서 건진 뒤, 1번에서 준비한 카스텔라가
루에 골고루 묻혀 마무리한다.

 이렇게 놀아주세요!

1 떡을 빚으면서 부드럽고 말랑말랑한 촉감에 대해 이야기하세요.

2 반죽을 똑같은 크기로 분배하면서 나눔에 대해 알려주세요.

3 떡의 쫀득함이 빵과는 어떻게 다른지 이야기 나누고, 우리 전통 떡에 대해 알아보는 시간을 가져요.

새콤달콤,
무 피클

냉장보관 10일

♕ 치킨을 먹을 때 빠질 수 없는 치킨 무

시판용 치킨 무에는 첨가물이 많아서 아이를 위해 종종 집에서 만들
어주곤 하는데요. 아이와 함께 만드니 아이도 무척 즐거워한답니다.
무를 썰면서 소근육 발달도 시킬 수 있고, 남은 무로는 다양한 놀이
도 가능해요.

재료

- ☐ 무(10cm) 1도막
- ☐ 물 1컵
- ☐ 설탕 1/3컵
- ☐ 식초 1/3컵
- ☐ 소금 1작은술
- ☐ 월계수잎 2~3개
- ☐ 통후추 1작은술

도구

- ☐ 안전칼(모양틀)
- ☐ 냄비
- ☐ 유리 밀폐용기

놀이 재료

- ☐ 물감
- ☐ 스케치북

1 무는 깨끗이 씻어서 깍둑썰기 한다. 모양틀을 사용해 다양한 모양으로 만들어도 좋다.

2 냄비에 물과 설탕, 식초, 소금, 월계수잎, 통후추를 넣고 중약불에서 끓인 뒤 식혀 절임물을 만든다.

TIP 계량도 아이가 직접 할 수 있도록 도와주세요.

3 소독한 유리 밀폐용기에 깍둑 썬 무를 넣고 2번의 절임물을 붓는다.

🏛 **유리용기 소독법**

냄비에 유리용기를 뒤집어두고 물을 용기의 1/3 정도까지 부은 다음 5분간 끓이세요.
물이 끓어 유리용기 안에 수증기가 가득 차면 조심히 꺼내 똑바로 세워 말리면 돼요.

4 뚜껑을 덮고 냉장고에 2~3일 정도
보관한다. 무에 물이 많이 생기면
맛있게 익은 것이다.

이렇게 놀아주세요!

1 남은 무를 모양틀로 찍은 다음 물감을 묻혀 도장놀이를 해보세요.

2 3번과 4번 과정을 사진으로 찍어두고, 2~3일 뒤 어떻게 달라졌는지, 그런 현상이 왜 나타나게 되었는지 알려주세요.
아이가 어느 정도 컸다면 삼투압 현상에 대해 간단하게 설명해줘도 좋아요.

+ 삼투압 현상

농도가 다른 두 용액에서 물이 농도가 낮은 쪽에서 높은 쪽으로 막을 통과해
이동하는 현상을 삼투압이라고 해요. 무 피클에서는 무 속의 수분이 절임물보
다 농도가 낮기 때문에 자연스럽게 무의 수분이 빠져나가면서 익어가게 되는
거예요.

뾰족뾰족,
감자고슴도치

2인분

♛ *으깬 감자로 고슴도치를 만들어볼까요?*

감자샐러드를 뭉쳐 몸통을 만들고 아몬드슬라이스를 이용해 고슴도치의
가시를 하나하나 만들어줄 건데요. 고슴도치와 관련된 책을 보며 연계놀
이를 하면 더욱 좋아요.

재료

- ☐ 감자 2개
- ☐ 소금 약간
- ☐ 마요네즈 1큰술
- ☐ 설탕 1작은술
- ☐ 아몬드슬라이스
- ☐ 초코볼

도구

- ☐ 믹싱볼
- ☐ 포테이토매셔(포크)
- ☐ 쟁반

놀이 재료

- ☐ 스케치북
- ☐ 색연필

1 감자는 소금을 넣고 삶은 다음 뜨거울 때 포테이 토매셔나 포크를 이용해 으깬다.

⊞ 감자는 따뜻할 때 으깨야 잘 으깨져요.

2 으깬 감자에 마요네즈와 설탕을 넣고 조물조물 섞는다.

3 감자 반죽을 타원형으로 만들어 고슴도치 몸통을 만든다.

4 고슴도치 몸통에 아몬드슬라이스를 꽂아 가시를 만들고, 초코볼로 눈과 코를 만들어 마무리한다.

이렇게 놀아주세요!

1 고슴도치와 관련된 책을 보며 그림도 그리고, 동물의 특성에 대해 이야기 나눠보세요.

2 고슴도치 이외에 다양한 동물을 만들어도 좋아요.

알록달록,
색깔 칼국수

가족과 함께

♨ 천연가루로 곱게 물들인 밀가루 반죽

천연가루를 넣어 다양한 색의 밀가루 반죽을 만들고, 그 반죽으로 직접
칼국수면을 만들어볼 거예요. 직접 만든 반죽으로 칼국수를 해주면 더욱
잘 먹더라고요.

재료

- ☐ 밀가루 2컵
- ☐ 백년초가루 1/2큰술
- ☐ 녹차가루 1/3큰술
- ☐ 물 1/2컵
- ☐ 소금 약간
- ☐ 식용유 2큰술

  + 비트가루나 단호박가루 등 다양한 천연
    가루를 사용해도 좋아요.

도구

- ☐ 믹싱볼
- ☐ 위생비닐
- ☐ 밀대
- ☐ 안전칼

1 밀가루 1컵에 백년초가루와 소금 1꼬집, 식용유 1큰술을 넣고 섞는다.

3 반죽을 위생비닐에 넣어 30분간 휴지시킨다.
같은 방법으로 녹차 반죽도 만든다.

> TIP 휴지시키면 반죽이 더욱 쫄깃해져요.

2 물을 조금씩 넣어가며 반죽이 손에 묻지 않을 때까
지 치댄다.

4 휴지시킨 반죽을 밀대를 이용해 최대한 얇게 밀
어준다. 이때 바닥과 밀대에 분량 외의 덧가루
를 충분히 뿌려야 반죽이 달라붙지 않는다.

5 얇게 민 반죽에 덧가루를 골고루 뿌린 뒤 5cm 간격으로 접어준다.

덧가루를 제대로
안 뿌리면 자르는 과정에서
반죽이 뭉쳐 분리되지 않아요.
어차피 나중에 덧가루를 털어내면
되니까 지금은 충분히
뿌려주세요.

6 접은 반죽을 0.5~1cm 두께로 썰어준 뒤 바로바로 풀어준다. 완성된 면으로 칼국수를 만든다.

이렇게 놀아주세요!

1 반죽을 휴지시키는 동안 반죽의 일부를 떼어내 조물조물 만들기 놀이를 해요.
2 직접 만든 칼국수면으로 맛있게 칼국수를 끓여먹어요.

과일이 쏘옥~
과일사탕

가족과 함께

♡ 과일에 설탕시럽을 발라 만든 중국 디저트, 탕후루

탕후루는 겉은 딱딱하지만, 한 입 베어 물면 상큼한 과즙이 터지는
천연사탕인데요. 시럽이 굳어 사탕처럼 단단해지면 아이들이 무척
신기해한답니다. 설탕이 달기 때문에 가급적 단맛이 덜한 과일을 가
지고 만들면 더 좋아요.

재료

- ☐ 과일 적당히
  (딸기, 방울토마토, 청포도 등)
- ☐ 설탕 1컵
- ☐ 물 1/3컵
- ☐ 올리고당 1큰술

도구

- ☐ 키친타월
- ☐ 꼬치
- ☐ 냄비
- ☐ 유산지

1 과일은 꼭지를 떼고 깨끗이 씻어 준비한다.

2 키친타월을 이용해 과일의 물기를 닦아준다.

> 💡 과일에 물기가 있으면 설탕시럽이 잘 안 굳어요.

어린아이들은 꼬치에
과일을 꽂을 때 손을 찔릴 수도
있으니 잘 지켜봐주세요.

3 과일을 꼬치에 꽂는다.

4 냄비에 설탕, 물, 올리고당을 넣고 약불로 끓인다. 이때 설탕이 녹을 때까지 절대 젓지
말고, 설탕이 다 녹아서 색이 진해질 때까지 보글보글 끓인다. 설탕시럽의 색이 진해지
면 물에 시럽을 한 방울 떨어뜨려 본다. 떨어뜨렸을 때 시럽이 퍼지지 않는 상태가 되면
불을 끈다.

5 3번에서 준비한 과일꼬치에 시럽을 골고루 바른다.

TIP 시럽이 금방 굳으니 굳기 전에 빠르게 발라주세요

6 바닥에 유산지를 깔고 그 위에 시럽을 바른 과일 꼬치를 올린 뒤 차가운 곳에서 굳혀 마무리한다.

 이렇게 놀아주세요!

1 설탕이 물에 녹아 시럽이 되어가는 과정에 대해 이야기를 나누세요.
2 과일사탕(탕후루)의 유래에 대해 알려주세요.

＋ 탕후루의 유래

탕후루는 북경 지역을 대표하는 중국 전통 간식거리 중 하나예요.
북송시대의 황제인 광종에게는 애첩인 황귀비가 있었는데, 어느 날 황귀비가 병에 걸려 아무것도 먹지 못하게 되었어요. 아픈 황귀비가 걱정이 된 광종은 그에 대한 대책을 찾으라고 신하들에게 명을 내렸어요. 그때 한 의관이 산사나무 열매와 설탕을 함께 달여 황귀비에게 먹이니 금방 완쾌되었어요. 이 소식이 민간에 전해지면서 백성들이 산사나무 열매를 긴 나무에 엮어 팔기 시작한 것이 지금의 탕후루랍니다.

먹을 수 있는
나만의 화분

2인분

♔ 화분 속을 과자로 채우고,
직접 만든 꽃을 꽂아 화분을 만들어보세요.

빵과 과자로 화분을 만든다고 하니 아이들이 굉장히 즐거워해요.
다양한 재료로 화분을 꾸미고, 직접 그린 꽃을 꽂아 예쁘게 장식해보
아요.

재료

- ☐ 오레오 쿠키 4개
- ☐ 돌 모양 초콜릿 2~3큰술
- ☐ 지렁이 젤리 3~4개
- ☐ 식빵 2개
- ☐ 딸기잼 1/2컵

도구

- ☐ 위생비닐
- ☐ 화분용 유리용기 2개
- ☐ 스케치북
- ☐ 사인펜
- ☐ 색연필
- ☐ 나무꼬치 4~5개
- ☐ 풀

1 오레오는 중간에 있는 크림을 제거하고 쿠키만 위생비닐에 넣어 잘게 부순다.

2 식빵을 잘게 찢어서 화분용 유리용기에 꾹꾹 눌러 담는다. 이때 빵의 중간중간 딸기잼을 발라가며 쌓는다.

3 1번에서 부순 오레오를 빵 위에 올리고 돌 모양 초콜릿과 지렁이 젤리로 화분을 꾸민다.

4 스케치북에 사인펜이나 색연필로 꽃을 그리고 나무꼬치에 붙여서 꽃을 만든다.

5 3번에서 만든 화분에 종이 꽃을 꽂아 장식한다.

🟦 화분에 마스킹테이프를 붙이거나 이름표를 달아 꾸며도 좋아요.

이렇게 놀아주세요!

어떤 용기에 어떻게 만드냐에 따라 다양한 화분을 만들 수 있어요. 아이의 친구들이 놀러왔을 때 함께 만들면 서로 다양한 모양의 화분을 만들고 이야기를 나눌 수 있어 더욱 즐거워한답니다.

달콤한 단호박
아이스크림

2~3인분

♛ *계절에 상관없는 아이들의 최애 디저트*

아이스크림에 단호박을 넣어 천연 아이스크림을 만들어보았어요.
단호박을 먹지 않는 아이들도 직접 만든 단호박아이스크림은 뿌듯해
하며 맛있게 먹는답니다.

- ☐ 단호박 1/4개
- ☐ 생크림 1/2컵
- ☐ 우유 1/2컵
- ☐ 설탕 1큰술

 도구

- ☐ 믹싱볼
- ☐ 믹싱컵
- ☐ 포테이토매셔
- ☐ 핸드믹서
- ☐ 고무주걱
- ☐ 밀폐용기
- ☐ 포크

 놀이
재료

- ☐ 호박씨
- ☐ 스케치북
- ☐ 사인펜
- ☐ 색연필

1 단호박을 김이 오른 찜기에 올려 10분간 찐 다음, 포테이토매셔나 포크를 이용해 으깬다.

🅣🅘🅟 단호박은 따뜻할 때 으깨야 잘 으깨져요.

2 다른 볼에 생크림과 우유, 설탕을 모두 넣고 섞는다.

3 으깬 단호박에 2번의 생크림+우유를 넣고 골고루 섞는다.

핸드믹서를 사용할 때는
꼭 부모님이 옆에서
지켜봐주세요.

4 반죽을 핸드믹서로 곱게 간 다음, 고무주걱으로 골고루 섞는다.

5 반죽을 용기에 붓고 냉동실에서
반나절 동안 얼린다.

6 얼리는 동안 2~3시간에 한 번씩 꺼내 포크로 긁어주면 좀 더 부드러운
아이스크림이 된다.

 이렇게 놀아주세요!

1 단호박을 찌기 전에 호박 속을 탐색하도록 해주세요.
2 호박씨를 말려서 미술놀이나 숫자놀이에 활용해보세요.

멍멍, 야옹, 꿀꿀
동물피자

2~3인분

👑 아이들이 좋아하는 피자를 직접 만들어볼까요?

피자도우 대신 만두피를 동물 모양으로 자르고 꾸며보세요. 놀면서
자연스럽게 창의력을 기를 수 있답니다. 아이만의 독창적인 피자를
만들 수 있도록 해주세요.

재료

- ☐ 만두피 5장
- ☐ 베이컨 1장
- ☐ 미니 파프리카 1개
- ☐ 소시지 1개
- ☐ 블랙올리브 3개
- ☐ 토마토케첩 2큰술
- ☐ 모차렐라치즈 1컵

  + 토핑 재료는 다양하게 선택하세요.

도구

- ☐ 안전칼
- ☐ 오븐팬
- ☐ 유산지

놀이 재료

- ☐ 스케치북
- ☐ 연필

1 만두피를 동물 모양으로 자른다. 동물이 아닌 다른 모양으로 만들어도
좋고, 원형 그대로 만들어도 좋다.

2 베이컨, 미니 파프리카, 소시지, 블랙올리브를 자른다.

3 만두피 위에 토마토케첩을 바르고 베이컨과 모차렐라치즈를 올린 다음 토핑 재료를 사용해 동물 모양으로 꾸민다.

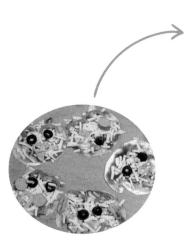

4 오븐팬에 유산지를 깔고 피자를 올린 다음, 180℃로 예열한 오븐에서 10분간 구워 마무리한다.

TIP 오븐이 없다면 프라이팬에 종이호일을 깔고 피자를 올린 다음 약불에서 치즈가 녹을 때까지 구워주세요.

 이렇게 놀아주세요!

1 피자를 만들기 전에 어떤 모양의 피자를 만들 건지 미리 그림으로 그려봐도 좋아요.

2 직접 만들면서 어떤 점이 좋았는지 이야기해보세요.

어디어디 숨었나, 숨바꼭질 주먹밥

2~3인분

♔ *주먹밥 안에 다양한 견과류를 넣어 만들어요.*

겉모습은 같지만 안에 견과류를 다양하게 넣어 골라 먹는 재미가 있는 주먹밥이에요. 하나씩 먹어보면서 어떤 견과류가 들어있는지 맞추는 놀이를 하면 더욱 즐거워질 거예요.

재료

- ☐ 밥 1공기
- ☐ 후리가케 2큰술
- ☐ 참기름 1큰술
- ☐ 각종 견과류 적당히
  (아몬드, 호두, 건포도, 호박씨,
  해바라기씨 등)

 도구

- ☐ 믹싱볼
- ☐ 주걱

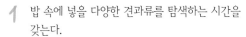

1 밥 속에 넣을 다양한 견과류를 탐색하는 시간을
갖는다.

2 밥에 후리가케와 참기름을 넣고 골고루 섞는다.

3 밥을 한입 크기로 빚은 후 그 속에 견과류
를 넣고 다시 오므려 주먹밥을 만든다.

4 각각의 주먹밥 속에 어떤 견과류가 숨어있을지 맞춰가
며먹는다.

TIP 한 번에 한 가지 견과류만 넣어서 만들기 때문에, 견과류의 종류가
많으면 많을수록 재미있게 즐기며 먹을 수 있어요.

 이렇게 놀아주세요!

1 각종 견과류의 모양이나 특징, 맛에 대해 이야기를 나눠요.

2 누가 누가 더 많이 맞추는지 놀이하면 즐겁게 먹을 수 있어요.

홈메이드
치즈 카나페

수제치즈
냉장보관 **7일**

♨ *생크림과 우유만 있으면...!*

집에서도 간단하게 치즈를 만들 수 있어요. 우유가 치즈로 변하는 과정
을 보면 아이들이 무척 놀라면서도 즐거워한답니다. 맛있는 치즈를 직접
만들었다는 성취감도 느낄 수 있는 놀이에요.

재료

- □ 우유 2컵
- □ 생크림 1컵
- □ 소금 1/2작은술
- □ 레몬즙(or 식초) 2큰술
- □ 크래커
- □ 방울토마토

도구

- □ 냄비
- □ 나무주걱
- □ 면포
- □ 체

1 냄비에 우유와 생크림, 소금을 넣고 끓인다.

2 1번이 끓어오르기 시작하면 레몬즙 또는 식초를 넣고 약불에서 20분간 끓인다. 끓이면서 우유가 바닥에 눌어붙지 않도록 저어준다.

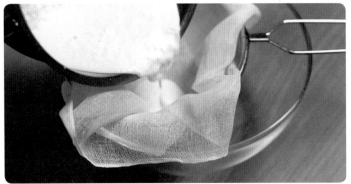

3 우유에 몽글몽글 덩어리가 생기면 불을 끄고 면포를 올린 체에 붓는다.

4 그 상태로 30분간 놔두면 물이 빠지면서 치즈덩어리만 남는다. 덩어리는 용기에 담아 냉장고에 넣어 굳힌다.

5 반나절 뒤 치즈가 단단해지면 꺼낸다.

6 크래커 위에 5번의 치즈와 방울토마토를
올려 카나페를 만든다.

TIP 방울토마토 이외에 다른 과일을 올려도 좋아요.

이렇게 놀아주세요!

1 우유의 단백질이 산성인 레몬즙을 만나서 치즈덩어리가 되는 과정을 설명해주면 좋아요.

2 카나페 이외에도 빵에 바르거나 샐러드에 넣어 먹어도 좋아요.

건강 듬뿍, 채소 골고루
샐러드

2~3인분

♔ 채소를 싫어하는 아이들을 위한 요리놀이

평소 잘 안 먹는 채소류를 직접 탐색하고 손질하며 익숙하게 만들고,
거부감이 덜한 요거트드레싱과 섞어서 샐러드로 만들었어요. 직접
만든 요리라 그런지 용감하게 먹더라고요.

재료

- ☐ 데친 브로콜리 1/4송이
- ☐ 양배추 1장
- ☐ 사과 1/4개
- ☐ 맛살 1줄
- ☐ 무가당 플레인요거트 3큰술
- ☐ 마요네즈 1큰술
- ☐ 꿀 1큰술
- ☐ 소금 약간

  \+ 평소 안 좋아하는 채소류로 준비해주세요.

도구

- ☐ 안전칼
- ☐ 믹싱볼
- ☐ 주걱

1 브로콜리와 양배추 등 채소를 탐색할 시간을 준다.

브로콜리는 송이를
떼어내고 미리 데쳐야 하는데,
이 과정은 엄마가
도와주세요.

2 브로콜리와 양배추, 사과, 맛살을 먹기 좋은 크기로 작게 썬다.

3 작은 볼에 요거트와 마요네즈, 꿀, 소금을 섞어 드레싱을 만든다.

4 2번 과정에서 준비한 재료에 3번의 드레싱을 넣는다.

5 드레싱이 채소에 잘 묻도록 골고루 섞어 마무리한다.

 이렇게 놀아주세요!

평소 잘 안 먹던 채소를 용감하게 먹었을 때는 칭찬을 많이 해주세요. 아이들은 칭찬을 먹고 산답니다.

INDEX

+ 'PART 6. 요리야, 놀재'는 제외

편식 걱정 없는 건강한 식습관의 첫 걸음

우리 아이 첫 유아식

개정1판1쇄발행일	2020년 06월 15일
초 판 발 행 일	2016년 05월 10일

발 행 인	박영일
책 임 편 집	이해욱
저 자	김선애
감 수	여인섭

편 집 진 행	강현아
표 지 디 자 인	박수영
편 집 디 자 인	임옥경

발 행 처	시대인
공 급 처	(주)시대고시기획
출 판 등 록	제 10-1521호
주 소	서울시 마포구 큰우물로 75 [도화동 538 성지 B/D] 9F
전 화	1600-3600
팩 스	02-701-8823
홈 페 이 지	www.edusd.co.k

I S B N	979-11-254-7264-3
정 가	20,000원

시대인은 종합교육그룹 (주)시대고시기획 · 시대교육의 단행본 브랜드입니다.